科學文化　A02A

Il Sistema Periodico

週期表

永恆元素與生命的交會

Primo Levi

李維——著　牟中原——譯

週期表

Il Sistema Periodico

再版序
回憶週期

牟中原

　　普利摩·李維於 1919 年，出生於義大利北部杜林市的中產猶太家庭。當時，猶太人多已成功在社會取得地位，並不很注重猶太宗教和身分。年輕的李維受到良好的古典教育，但特別喜愛科學，他在杜林大學開始學習化學；也在這個時候，法西斯政權實施反猶太族法律。李維的化學學習是在日益艱困的環境中完成的。但畢業後，種族法律已經使他沒辦法找到正式工作。德國占領之後，李維加入地下反抗游擊隊。由於笨拙和遭背叛，李維被捕而送進納粹的奧茲維茲集中營。

　　在非人的集中營一年，李維倖存了下來。戰後被蘇聯軍隊俘虜，他又花了十個月，非常辛苦的輾轉流離於東歐各國，才終於回到家鄉。當初同批進集中營的八百多人，只有二十幾個人活著回家。身為大屠殺的倖存者和見證者，李維在戰後結合了化學家和作家的身分，辛勤的做和寫。白天在化工廠做化學製造，晚上則拿筆傾訴集中營的非人世界。《如果這是個人類》給了世人有關大屠殺極為縈繞的傑作。此後，他長期思考「人怎麼才算是個人」。《復甦》則反省了整個世代的恥辱。除此之外，他為報紙寫短文、評論，並翻譯了卡夫卡的《審判》。

　　李維是一個博學的人。雖然正職是化學家，他出版了二十本

書，包含短篇小說、散文和詩。他也到各處演說，談在集中營的經歷，以及自己的倖存。到了 1970 年代初期，李維開始考慮從化學工作退下來，以專心從事寫作。從 1948 到 1975 年，他在同一家化工廠擔任技術總管（他在同一棟公寓住了一輩子，從生到死）。化學是他青少年時期的最愛，化學也是他終身賴以為生的專業。更重要的是，化學是他在集中營倖存下來的護身符。在集中營中的苦工，包含了一間化學化驗室，李維以他的專長成了有用、免死的奴役。他的存活是化學所賜予。在臨退休前，他想寫一本書總結他化學與文學的生命。於是《週期表》誕生了，這本書成了他的人生頌歌和對化學的獻禮。在這本奇妙、無從分類的書，他以二十一個元素隱喻他的人生。

李維從豐富的化學故事去和他的祖先、同學、朋友聯繫。他以惰性氣體描述猶太家族的獨特孤立及豐富語言。

「在我們呼吸的空氣裡有所謂惰性氣體。它們有奇怪的希臘名字，博學的字源，意指「新」（氖）、「隱」（氪）、「怠惰」（氬）、「奇異」（氙）。它們真的是很遲鈍，對現狀極為滿意……」

在〈氫〉那一章，化學是有關童年的明晰之美，是那教人心動不已、探知世界的勇氣。多年之後，即使戰雲消散，正邪的塵埃落定，昔日的夢想也已不復，李維仍能歡愉的回憶第一次偷進實驗室做了氫氣的製備和燃爆。

「我的腿有點發抖，同時感到事後的戰慄和愚蠢的驕傲，我釋放了一個自然力，也證實了一項假說。是氫沒錯，和星星與太

陽裡燃燒的元素一樣。它的凝聚產生了這永恆而孤寂的宇宙。」

　　在〈釩〉這一篇，故事起源自李維公司生產的一批油漆有了問題。為了這個問題，他和德國供應廠的一位化學家通信。故事有兩條線，一條線是化學性質出錯的偵探故事。但另外在通信過程中，他敏銳的覺察到，那人是他在集中營實驗室的上司。那時對方只是不涉情緒的專業工作，李維卻要花每份精力想辦法存活下去。李維在書中以一種平靜，但幽默而曖昧的語氣，訴說這令人激動的重逢。那德國人似乎想道歉，但李維並不急著想原諒。

　　在一篇篇散文中，李維成了化學哲學家。他沉思化學的工藝（如蒸餾）和純度的意義。

　　「鋅雖然很容易和酸反應，但是很純的鋅遇到酸時，倒不大會起作用。人們可以從這裡得到兩個相反的哲學結論：讚美純真，它防止罪惡；讚美雜物，它引導變化以及生命。我放棄了第一個道德教訓，而傾向於後者。為了輪子要轉，生活要過，雜質是必要的。」

　　當李維沉思化學純化的過程，有如納粹的種族清洗時，他也發現這過程中物質變化的奇蹟，和他原來不怎麼重視的猶太族裔聯繫起來了。在墨索里尼的統治下，他李維當然是一位猶太人，並從中吸取了哲學上的教訓：純度雖可以起保護作用，但是雜質可以促使變化，產生新生命。

　　就這樣，李維揉合了奧妙的科學、可怕的經歷和如詩的語言，寫下了《週期表》，懷念他的化學與人生。

「它是一本微觀歷史，是行業誌，記錄它的勝利、失敗和痛苦。是一個事業快走到終點的人所想講的故事。」

從化學工藝退休以後，李維又回到猶太浩劫的問題。在他最後一本書《滅頂與生還》中，李維反覆沉思、一再詰問，是為了誠實回答自己一個問題：這不可思議的歷史屠殺事件，如何可能發生？我又如何面對存活的恥辱？他曾寫下：「最壞的、能適應的活下來了；最好的卻都死去了⋯⋯」倖存者的罪惡感侵蝕著他，1987 年 4 月 11 日，李維自殺了。大屠殺最後還是粉碎了他對秩序的信念，集中營之後，他盡力反思，徒勞對抗虛無的侵襲。同樣是奧茲維茲倖存者、諾貝爾和平獎得主維瑟爾（Elie Wiesel）說：「早在四十年前的奧茲維茲時代，李維已死。」然而，李維「倖存」下來的四十多年，給世人帶來豐富的遺產。《週期表》是這裡面的鑽石，它也可能是有史以來最好的一本科學書。

《週期表》中譯版距離上次發行已經有 18 年了（時報文化出版：1998 年），多年以來一直有愛好者此書的讀者，但近年來在書店已經不容易找到。現在「天下文化」再次出版，讓新一代的讀者能見到它，我感到很欣慰。李維去世多年，他的書仍然一直有新的進展。前年大陸出版了《週期表》的簡體字版，是和台灣相同的譯本。2015 年李維全集出版，共含三千萬字，集結二十本書和很多他的文章。李維雖然走了很久，但他的影響是一直存在的。

2016 年 1 月 27 日於台灣大學化學系

譯序

翻譯李維

牟中原

　　《週期表》這本書的翻譯工作，跟了我有六年了，真久！如今終於交稿，即將問市，如釋重負。

　　1992 年夏，大學聯考，我入闈場工作。等考題定稿，校閱完畢後，有七天無事而失去行動自由的時間。當時帶了李維的《週期表》英文版做為讀物，順手也就開始翻譯，純為好玩，打發時間，也沒想到要出版。多年來，研究工作是愈來愈忙，也愈起勁，翻譯的事也就斷斷續續，算是自娛吧！但每次重新開動，整個稿子又重改一次，前後也三易其稿了。直到去年底，讓老友林和知道手頭上有這本書的八成譯稿，他好心幫忙聯絡出版，這才終於下了決心收拾這沒完沒了私祕譯作。

　　譯完了，該說些什麼？實在不多，因我理想中的譯者應該只留下譯文，不作其他文章，來指導讀者，提供意見。但這好像不是西洋文學中譯的傳統。

　　傅雷雖然說：「在一部不朽的原作之前，冠上不倫的序文是件褻瀆的行為。」，但他通常還是寫了「譯序」。楊絳譯《堂吉訶德》寫了二十三頁的譯者序。韓少功譯的《生命中不能承受之輕》也有十一頁的序。意見都不少。

　　其實譯者大約都知道翻譯文學，本身就是件「訊息轉折」

的工作，沒法完全跨越語言的鴻溝，最多只能說神似罷了。《週期表》原著是義大利文，我不懂義文，根據的是 Raymond Rosenthal 的英譯本。做為一個化學家，我知道我可以不讀德文原著，而從英文譯本完全了解化學專著，因為大家有共通的化學術語及基本原理。但《週期表》不是關於化學知識的傳述，李維的語言是文學的、回憶的、沉思的，我終究是沒法確定譯文和原文的差異，而我很好奇這點。這其實是寫這短文的目的，希望有人有興趣根據義大利文再譯一次，到時這譯本也就可放一邊了。

　　作者李維本人其實是相當在意翻譯文字的，他在納粹集中營的回憶錄《奧茲維茲殘存》（*Survival in Auschwitz*）第一次譯成德文時，非常緊張。「我害怕我的文字會喪失原色，失掉涵義……看到一個人的思想遭扭曲、打折，他挖空心思的用詞被誤解、轉換。」就因此，他的著作英譯本都是非常小心進行的，Rosenthal 成為李維後來大部分著作的英譯者，並因此而得翻譯獎。

　　有意思的是，李維本人也從事譯作，他是卡夫卡《審判》義大利文版譯者。我也很好奇，他的譯文能否保留卡夫卡文字特殊的稜角？

　　看樣子，這些翻譯「忠實」的問題真是沒解，尤其小國家（如捷克）文學的翻譯多只能從英文或法文轉譯，這更沒法說了。

　　但我想翻譯真正要做的是居中負起不同語言、不同文化的溝通工作。我們讀《週期表》這樣的書，是嚮往一種整體文化，在那兒「科學」和「文學」並不割裂，而語言可以穿透國度。化學家這行業的故事是可以欣賞、了解的。「集中營」的極端殘忍，雖無法以文字描述，但我們仍然要反覆聽殘存者的聲音。這些文

化的整體感是可以透過翻譯傳達的。

　　《週期表》一書不止是李維的自傳，他這行業的紀錄，更是他那一代的故事。透過化學元素的隱喻，科學式的文筆，他寫下自己和他周圍一群人的遭遇，及他的冥想和反思。《週期表》是一本很難分類的書，很難用簡單幾句話描述它。李維的吸引力在於他所傳遞的整體感，他的世界裡每樣事都奇妙連接在一起。

　　　　　　　　　　　1998 年 6 月 24 日於台灣大學化學系

導讀

倖存者的聲音

王浩威

1997 年初夏，我到義大利水上之都參觀威尼斯雙年展。

結束了比安那列舉辦的頒獎觀禮後，離開這個過度擁擠的第一展覽會場，一群朋友走到舊日造船廠改建的第二會場。

1893 年開始的威尼斯雙年展，曾經是未來派的大本營，希特勒痛斥為墮落藝術的討伐對象；到了二次大戰後，原本秉持世界一同的良意，比安那列區舊別館再加上新設計的建築，都擁有了自己的國名，恍如聯合國般充斥著另一種國家主義。舊造船廠改成的第二會場，以大會主動邀約的藝術家為主，國家的旗幟終於消失。

我們一群人先出了第二會場，沿水道旁的巷子漫步，而後隨意找了一家平常小館，簡單進食。一位同行的義大利藝術家聊起了文學和藝術的關係，他說其實義大利一直都很重視文字的。他本身是位化學家，經營了一家化學工廠，卻是長期支持前衛藝術，包括蒐購和寫評論。

雖然一起走了好長一段路，我才終於有機會認識他，不禁問：「你的情形，跨界搞文藝的化學家，不就像普利摩·李維一樣嗎？」

他忽然一陣驚訝，問道：「在台灣，有他的作品翻譯出版

嗎？」然後就滔滔不絕說李維是多麼棒的作家，他的敏銳心思，他真誠的文學態度，當然，也談到了他的自殺帶來的遺憾。

1992 年 3 月 12 日的晚上，李維去世近五年左右，羅馬的街頭出現了長長的火炬隊伍，上千的火光在黑夜中前進。他們的聚集是反對義大利境內逐年崛起的種族主義和新納粹風氣，特別是近年橫行的光頭族。在小巷口，一幅長長拉開的抗議布條只簡單寫著幾個數字：174517。

1994 年 4 月 25 日，二十萬人聚會在米蘭慶祝義大利脫離法西斯政權四十九週年，其中一幅搶眼的旗幟寫著：「勿忘 174517」。

174517，一個乍看毫無意義的隨機數字，在二次大戰尚未結束的 1944 年 2 月，赤裸裸火烙在李維的肌膚上。當時他才從一列囚禁的火車走下月台。這是前後一年總共載送幾千人的許多次列車的其中一次。五百個人從義大利 Fossoli 監獄送到德國日後惡名昭彰的「奧茲維茲」集中營。車上有二十九名婦女和九十五名男子被挑上，依序烙印，編號 174471 到 174565，而 174517 只是其中一號。剩下的四百人，老幼婦孺等等，人數很龐大，處理卻很簡單，直接送入瓦斯室處死。

人類歷史上最悲痛記憶的所在地奧茲維茲營，1943 年底設立。當時納粹德國年輕人力投入了戰場，工廠人手急迫缺乏，於是一個徹底利用人力的集中營出現了。二次大戰期間，在義大利境內有八千名猶太人被送出境，六千名送到奧茲維茲，只有三百五十六名在戰後生還回到故鄉。李維，這位被編號為 174517 的囚犯，日後在美國小說家羅思（Philip Roth）的訪談裡

表示，他的倖存是一大堆因素賜予的，主要包括他的遲遲被捕，他適合這個強迫勞役制度的要求，當然，最重要的純屬幸運而已。

奧茲維茲的大門就刻著這樣的字句：「*Arbeit Macht Frei*」（勞動創造自由）。1919 年 7 月 31 日出生的李維，抵達奧茲維茲時是二十五歲。他被挑出來的原因，最先是年輕力壯的肉體，後來是他化學家的專長；最後，當德國開始戰敗，健康囚犯都被強制撤離和謀殺時，他卻正因腥紅熱侵襲奄奄一息，被丟棄在營中而倖存。

這許多幸運的偶然，這樣微小的生存機率，在和死神不斷擦身而過的過程，倖存的人，包括李維，也就成為一個永遠無法相信生命的困惑者，卻又勢必扮演這一切災難的目擊證人。

和台灣讀者所熟悉的卡爾維諾一樣，李維從出生以來，一直都是在杜林。1930 年代的作家，也是文壇精神領袖帕維瑟，將卡爾維諾引進文壇，介紹到最重要的文化出版社埃伊瑙迪（Einaudi）工作和出書。相反的，同樣是杜林人，同樣二次戰後寫作，只比卡爾維諾大四歲的李維，卻沒有這樣的一份幸運。一方面，戰後回到杜林的他，就像《週期表》裡寫的，在這個近乎廢墟的城郊找到了一份工廠化學家的工作，也就少與杜林文人圈來往。然而，更重要的原因卻是他作品中的絕望和憤怒。

在奧茲維茲的絕望處境裡支持他活下去的，就是盼望扮演這場悲劇見證人的決心。他將觀察和感受陸續寫在紙上，然後一一銷燬，只留在腦海而避免遭發現。

回到杜林，他和另一位同是倖存者的醫師貝內德蒂

（Leonardo de Benedetti）揭開集中營如何虐待和摧毀人體的科學報告，刊在醫學期刊。1947年，他開始在《人民之友》週刊發表有關集中營的文章。完整手稿分別給了埃伊瑙迪、帕維瑟和金芝柏夫人（Natalia Ginzburg），反應極佳，可是埃伊瑙迪等出版社都沒興趣，最後是一家小出版社草草發行，第一版滯銷而庫存在佛羅倫斯的地下倉庫，某年水災全遭淹漬。

二次大戰後，乃至到了今天，人們一直不願去回想大屠殺這類的記憶，這一切歷史事件證明了人性可能的殘酷，既不僅屬於少數幾個民族，也不是人類的文明演化可以消除的，而是永遠，永遠存在像你我這樣的所謂平凡或善良老百姓的潛意識深處。李維喊出來了，大家的痛處卻被觸及了，即使是良心知識份子也都有意無意迴避而不積極歡迎它的出版。

《如果這是個人類》在被拒十年後，1958年才由埃伊瑙迪出版。

1950年代末期，二次大戰的災難還距離不遠，經歷過法西斯、戰爭、死亡和集中營的一代，發覺部分新一代歐洲青年開始投入當年的思考模式，新法西斯和新納粹風潮開始蠢蠢欲動。學校的教科書還停留在過去，課本裡的歷史只記錄到第一次世界大戰。因為這樣的發展，原先指望以遺忘做為原諒的文化界，才開始恐慌起來，許多二次大戰期間的資料，包括《安妮日記》在內，終於得以發行。初版才兩千冊的《如果這是個人類》，直到1987年為止，共售出一百七十五萬冊。

在《如果這是個人類》裡，集中營的主題一直持續著，聲音是憤怒和見證的；到了《復甦》，分貝開始下降，思考更加複

雜。他的反省不再是只有少數的「壞人」，而是包括猶太人在內的集體的道德責任，恥辱和罪疚成為一再盤旋的主題。

《復甦》的〈恥辱〉一章最先完成於 1947 年，關於「所謂正直的人在他人果真做下錯事以前，早已隱約感到恥辱」的主題，到四十年後他在死前發表的最後一本重要作品《被溺斃的和被救活的》，進一步發展成對倖存者更深遠的分析，特別是他們的罪疚和恥辱。罪疚是指在某些場合中，儘管主動選擇的可能性將是渺小的，但還是有可能時，倖存者對自己的沒有抵抗和沒有救助他人（雖然當時的情況根本不可能）而永遠承受自責。恥辱既是個人也是集體的。倖存者必須個別承受別人質疑的眼神：為什麼別人都死了而你還活著，同時也承受著集體的恥辱：我居然也是屬於這般禽獸的人類的其中一份子。

在這樣複雜的思考和分析後，李維開始肯定為何有些人在承受囚禁和侮辱時，可以勇敢活下來，在自由之後反而自行結束生命。他說：「自殺的行徑是人性的而不是動物的，它是縝密思考的舉止，不是衝動或不自然的選擇。」奧地利籍哲學家 Hans Mayer（別名 Jean Améry）在 1978 年自殺，生前寫了一篇〈奧茲維茲的知識份子〉，警告下一代一定要抗拒冷漠和不在乎。李維在書中，也用了一整個章篇來討論這個問題，結論都是悲觀而不確定的。

這本書出版的同一年，1986 年 6 月，奧地利前納粹份子華德翰（Kurt Waldheim）當選為該國總理，引起歐洲知識份子的一片憤怒和辯論；當然，義大利也不例外。李維在他的《聖經》背後寫了一首詩：

如果沒有多少的改變也不要怯懦了

我們需要你，雖然你只是較不疲累罷了。

……再想想我們所犯的錯吧：

在我們之間有一些人，

他們的追尋是瞎眼的出發，

像是矇上眼布的人憑依摸索。

還有些人海盜般出航；

有些人努力繼續堅持好心腸。

……千萬別驚駭了，在這廢墟和垃圾的惡臭裡：

我曾經赤手清除這一切，

就在和你們一樣的年紀時。

維持這樣的步伐，盼望你可以做到。

我們曾經梳開彗星的髮叢，

解讀出天才的祕密，

踏上月球的沙地，

建立奧茲維茲和摧毀廣島。

瞧，我們並不是啥都不動的。

扛上這負擔吧，繼續現在的困惑。

千萬啊，千萬不要稱我們為導師。

這一年的年底，李維再次陷入嚴重的憂鬱症。1987 年初，在最後的一次訪問裡，他說：「過去和現在的每一刻，我總覺得要將一切都說出來……我走過迢迢的混亂，也許是和集中營經驗有關。我面對困難的情形，慘透了。而這些都是沒寫出來

的。……我不是勇敢強壯的。一點也不是！」

　　3月，他連續兩次前列腺手術，生理的惡化讓憂鬱症更沉重。4月11日清晨，義大利國家電視台的新聞，宣稱李維從他家的三樓墜落死亡。

　　李維不僅是奧茲維茲的倖存者，不止是書寫集中營的回憶和反思。

　　1995年9月，旅途行中路過倫敦，我遇見了在英國遊修科學史的朋友。他說，最近才因為課堂老師的介紹，讀完一本棒極了的書《週期表》。從薩爾茲堡搭車到蘇黎士，再搭機到倫敦的途中，我也買了這一本《週期表》。

　　李維從沒失去他出身的化學本行。只是，在人的問題和化學的科學之間，身為科學家的他不再是看不見的觀察者，所有所謂客觀的科學都開始有了主觀的故事和歷史。李維用人文的眼神凝視科學，顛覆了幾百年在科學與人文的爭執中，永遠只有科學在打量著人文的處境。

　　他曾經寫詩、寫評論，也寫過完全符合嚴格西方定義的長篇小說：《如果不是現在，又何時？》然而，大多的評論家公認《週期表》是他最成功的文學創作。這本1975年出版的「小說」，在濃厚的自傳色彩中將化學元素化為個人的隱喻，恍如也是宣告他的記憶開始努力從集中營的經歷中再回到一切還沒發生的原點。

　　第一章的氬開始追溯祖先的脈絡，從古老猶太傳統到杜林的定居，而李維是最後登場的一個角色。從氫到鎳，李維渡過了他的青春期到第一份差事。這是《週期表》的第一部分，也是最愉

快的人生，他發現了自己擁有傾聽的能力，而別人也有告訴一切的意願。

第二階段是磷到鈰，從他失去自由到 Lager（營）處的囚禁。第三階段則是鉻到釩，談及戰後的一切，在重新適應原來城市的過程，已經失去了昔日用浪漫眼光看待化學的悠哉了。他必須面對現實的需要，重新架構自己的價值觀和視野。

碳出現在最後倒數的階段，一種「時間不再存在」的元素，是一種「永恆的現在」。特別是，李維指出，這樣的平衡狀態將導致死亡。碳和人類的肉體是不同的，它擁有永恆的質性，李維選擇它暗喻自己化學生涯的結束和作家身分的重生，卻也不知不覺預言了在面對創傷記憶的漫長奮鬥後，四十年的煎熬渡過了，最後還是選擇了一種永遠平靜下去的結束。

氬

Argon

我所知道的祖先和這些氣體有點像。

我不是說身體怠惰，

他們反而相當努力賺錢養家。

但他們的精神無疑屬惰性，

都有靜態的共同特點，

一種不介入的態度，

自動納入生命長河的邊緣支流。

　　在我們呼吸的空氣裡有所謂惰性氣體。它們有奇怪的希臘名字，博學的字源，意指「新」、「隱」、「怠惰」、「奇異」。它們真的是很遲鈍，對現狀極為滿意。它們不參加任何化學反應，不和任何元素結合，因此幾世紀都沒被發現。直到 1962 年，一個努力的化學家絞盡腦汁，成功迫使「奇異」（氙氣）和最強悍的氟結合。由於這功夫非常獨特了不起，他因而得了諾貝爾獎[1]。它們也稱為貴族氣體——這裡有討論餘地，不知是否所有貴族氣體都為惰性，或所有惰性氣體都高貴。最後，它們也叫稀有氣體，即使其中之一的「氬」（怠惰），多到占空氣的百分之一，是地球上生命不可或缺的二氧化碳的二、三十倍。

　　我所知道的祖先和這些氣體有點像。我不是說他們身體怠惰，他們沒有能耐如此。他們反而必須相當努力來賺錢養家，以前還有「不做沒得吃」的道德信條。但他們的精神無疑屬惰性，傾向玄想和巧辯。他們事蹟雖然多，但都有靜態的共同特點，一種不介入的態度，自動（或接受）納入生命長河的邊緣支流。這些並非偶然。無論貴重、惰性或稀有，和義大利、歐洲其他猶太族比起來，他們的經歷貧乏得多。他們似乎約在 1500 年左右，從西班牙經法國南部來到皮埃蒙特（Piedmont），這可以從他們以地名來命名的姓氏看得出來。例如，Bedarida-Bédarrides、Momigliano-Montmélian、Segre（這是厄波羅河流過西班牙東北部的一條支流名）、Fòa-Foix、Cavaglion-Cavaillon、Migliau-

---

1　譯注：巴特列特（Neil Bartlett）得此發現，成就非凡，但未因此得諾貝爾獎，此處為原作者之誤。

Millau；位於法國的蒙彼利埃和尼姆間隆河口的呂內勒鎮（Lunel）翻譯成希伯來文成了 *yareakh*（義大利文 *luna* 指月亮），由此而衍生了皮埃蒙特猶太人的姓氏 Jarach。

在杜林（Turin），雖遭到排斥或冷淡接納，他們還是在南皮埃蒙特各處農村安頓下來，並引進造絲技術。即使最興盛時，他們還是極少數。他們既非受歡迎，也不討人厭；並沒有受欺壓的故事流傳下來。但，與其餘民眾之間，有一層無形牆把他們隔開；是那疑心、嘲弄、帶敵意之牆。即使在 1848 年革命解放，而得以移居都市後也是如此。父親說起，在貝內瓦杰納（Bene Vagienna）的童年時，學校裡，同伴會不帶敵意的取笑他，拿衣角捲在拳頭裡成驢耳朵，唱道：「豬耳朵，驢耳朵，送給猶太佬多多。」耳朵沒有什麼特別含義，手勢則是褻瀆模仿虔誠猶太教徒，在會堂應召上台念教律的彼此祈福動作——互相展示祈禱披肩摺邊，其流蘇的數目、長度、形狀都有神祕的宗教意義。但那些孩子早就遺忘了這些動作的來源。順便提一下，對祈禱披肩的褻瀆和反猶太主義一樣古老，關在集中營的猶太人遭沒收披肩後，納粹黨衛軍便拿來做內褲。

排斥總是相互的。猶太人對基督徒（*goyim*，*narelim* 指「異教徒」，「沒行割禮的」）也豎起對立的高牆，在平靜鄉下小地方，重演《聖經》選民的史詩。這從根的錯序，使我們的叔叔、阿姨們到今天都還自稱「以色列子民」。

這裡要趕快對讀者聲明「叔叔」、「阿姨」這些稱呼要從寬解釋。我們的習俗管任何年長親戚都叫叔、姨，即使關係很遠。日

子久了，幾乎所有社區裡的大人都有親戚關係，所以叔叔很多。叔叔是那些抽菸草的長老，阿姨是掌管全家的皇后，他們聰明有智慧。而對很老很老的叔、姨（我們從諾亞以後就都長壽），「巴伯」（barba，指「叔叔」），「瑪娜」（magna，指「阿姨」）這些字頭就連到他們的名字上了。因為希伯來文和皮埃蒙特方言的一些發音巧合，及一些奇妙字尾安排，造就了一些奇怪的名字，而這些妙語就同他們的故事，一代一代傳了下來。於是有了巴伯伊托（伊利亞叔）、巴伯撒欽（以撒叔）、瑪娜麗亞（瑪麗亞姨）、巴伯摩欽（摩西叔，據說他把兩顆下門牙拔了以便好咬菸斗）、巴伯姆林（山姆叔）、瑪娜維蓋亞（阿比蓋亞姨）、瑪娜弗林亞（柴伯亞姨，源自希伯來文 Tsippora，意指「小鳥」，一個漂亮名字）。雅各叔一定是幾代以前的人。他去過英國，所以穿格子裝，他弟弟「巴伯帕欽」（波拿帕特叔，這仍是一個常用的猶太名字，以紀念拿破崙解放猶太人）後來則從叔叔輩退了下來。上天不仁，賜了他一個無法忍受的妻子，他絕望到去受洗，成了傳教士，到中國去傳教，如此可離她遠遠的。

　　賓芭奶奶年輕時很美，脖子上圍著一條鴕鳥羽毛的圍巾，是個伯爵夫人。拿破崙賞給她家族伯爵名位，因他們曾借他錢（manòd）。

　　巴伯隆寧（阿隆叔）個子高、健朗，又有些怪主意。他離家到杜林，幹過很多行業。他曾和卡力南諾劇院簽約當臨時演員，並寫信要家人來參加開演。內森叔和亞勒格娜姨來了坐在包廂中。當幕升起，亞勒格娜姨看到兒子打扮得像非利士人[2]，她拚

命大喊：「阿隆，你在搞什麼？把劍放下！」

　　巴伯米林腦筋簡單；在亞哥，人們把傻子當上帝的兒女，沒人可以喊他笨蛋，他受到保護。但他們叫他「種火雞的」。因為有個拉山（rashan，異教徒）騙他說養火雞像種桃樹，種火雞羽毛到土中，樹上就長火雞。也許是由於牠那無禮、笨拙、暴躁的反面脾氣，火雞在這家族世界中，有牠特別被用以取笑的地位。譬如，巴西菲可叔養了隻母火雞，而且對牠疼愛有加。而他家對街住著拉特先生，是位音樂家，火雞老吵到他。他求巴西菲可叔讓火雞安靜，這大叔回答：「遵命！火雞小姐，給我閉嘴。」

　　加布里叔是個猶太教士，所以人稱巴伯莫仁諾，就是「我們的老師叔」。他既老又快瞎，有次從外地回來，看到馬車經過，就喊停要求載一程。和車伕講話時，他發覺那是一輛載基督徒到墳地去的靈車，多可怕的事。按教律，一個碰了死人，甚至進到停屍間的教士，就受汙染七天。他跳起來：「我和異教徒死女人同車！車伕，快停！」

　　可倫坡先生和格拉西狄奧先生兩人亦敵亦友。據傳說，這兩個對頭住在莫卡弗鎮一條巷子裡兩邊。格拉西狄奧是個瓦匠，很有錢。他有點以身為猶太人為恥，娶了個基督徒。她有一頭及地長髮，與人私通，讓丈夫戴了綠帽。雖然是個異教徒（goyà），但大家還是叫她瑪娜奧西麗亞，表示有點接納她。她爸是船長，送格拉西狄奧一隻圭亞那來的彩色鸚鵡。牠會用拉丁文喊「認識

2　譯注：Philistine，古代居於巴勒斯坦的好戰民族，曾多次攻擊猶太人。

你自己」。可倫坡先生是個窮人，鸚鵡來了以後，他就去買了隻禿背烏鴉，也教會牠講話。每當鸚鵡喊「認識你自己」，烏鴉就會回答「臭神氣」。

加布里叔的 *pegartà*，格拉西狄奧先生的 *goỳa*，賓芭奶奶的 *manòd* 和我馬上要談的 *havertà* 這些字需要一番解釋。*Havertà* 是個希伯來字，字的形和義都已改變，有特別含義。事實上，它是 *haver* 的不規則陰性字，等於「友伴」而意指「女佣」，但引申的含義是出身低下，風俗信仰都不同，但不得不讓她住同一屋簷下的女人。*Havertà* 習性不淨，態度不雅，對主人談話簡直有惡意的好奇心，令人討厭得不得了，以致她在場時，他們不得不用些特別術語，*havertà* 就是其中之一。這些術語行話現在幾乎消失了，幾代以前還有幾百個字。它們多半有希伯來字源，帶上皮埃蒙特字尾。只要粗略研究一下，就可看出隱語的功能，是用來在 *goyim* 面前談 *goyim*，或咒罵些沒旁人懂的話，或用來對付社會上的限制與壓迫。

因為頂多只有幾千人說隱語，這話的歷史價值不大，但人性意義可不少，所有變化中的語言大抵如此。一方面，它有皮埃蒙特方言粗獷、清晰、簡潔的特性（除了打賭，從不寫成文字）；另一方面又混雜神聖、莊嚴，經千年砥礪，光滑如冰河的希伯來文。兩種文字的對比帶來不少喜劇力量。這語言上的對比，又反映了四散的猶太人，在猶太文化上的衝突。自從四散於異教徒之間（是的，在 *goyim* 之間），他們在神聖召喚和日常困頓之間總是不停掙扎。人就像那神話中的人頭馬身，半靈半肉，聖靈與

塵土都是召喚來源。猶太人兩千年來就悲傷的和這衝突共存，也就從中吸取了智慧和笑話，而後者是《聖經》和先知所缺的。它布滿在意底緒（Yiddish）語中，也滲透到地上之父[3]的奇言怪語中。在沒消失之前，我要記下來。這語言初聽之下，還以為是褻瀆神祇的，事實上和上帝間有種親密關係——如 Nôssgnôr（我們的主），Adonai Eloenó（讚美主），Cadòss Barôkhu（親愛的主）。

它屈辱的根源很容易看出來。例如，有些字因沒用就沒有了——「太陽」、「男人」、「城市」；而「夜晚」、「躲藏」、「錢」、「牢獄」、「偷」、「吊」、「夢」這些字是有的。（最後的「夢」字只用於 bahalom（在夢中）這個情境，以做為反義詞，指別想。）除此之外，有許多嘲弄的字，有時用來批判人，更多時候是夫妻在基督徒店東面前舉棋不定時用的。我們用 n saròd 這個複詞，已不再指希伯來文中的 tsara（霉運），而是指不值錢的貨。它的暱稱則是優雅的 sarôdînn。我也忘不掉惡毒的 saròd e senssa manód，這是媒人（marosav）用來指沒嫁粧的醜女人。Hasirud 是從 hasir（豬）字而來，指骯髒。值得注意的是，法文中「u」這個音在希伯來文中不存在，但是有「ut」這字尾（義大利的「u」），用來製造抽象觀念的詞（例如，malkhut 指王國），但沒有特殊用語裡帶有的強烈嘲弄含義。另外，它常出現的場合是在店裡，店東和伙計用來損客人。上個世紀皮埃蒙特的服裝業受猶太人掌控，從這行業產生了一些術語，在伙計做了店東後又傳了下

3　原注：這兒是對比基督徒的禱文起頭：「我們在天之父……」。

來，後來也不一定是猶太人，很多店一直到現在還用。很多說的
人偶爾發現其字源是希伯來文，還大吃一驚。譬如，很多人還用
「*na vesta a kinim*」代表格子裝。而 *kinim* 是蝨子，是古埃及十大
災難的第三個，是猶太人逾越節中所教唱的儀文用字。

　　然而也有一大堆不是很雅的字，不但在小孩面前用，也用
來代替詛咒。不像義大利話和皮埃蒙特話，它既可發洩，又不髒
嘴，別人卻聽不懂。

　　對風俗有興趣的人，那些談到天主教的字就更有意思。此
處，原始的希伯來文形式就變化得更厲害了。有兩個理由：第
一，祕密是絕對必要，萬一異教徒聽懂了，可會召來褻瀆之罪；
第二，用意本來就是要扭曲，扭到否定意義，去除原來超凡德
性。同樣道理，在所有語言裡，「魔鬼」都有各種文飾的講法，
不講它，指的卻是它。教會（天主教）是叫 *tônevà*，它的來源
我無法查考，也許只從希伯來文取其音；而猶太會堂則謙虛的
只叫 *scola*（學校），一個學習成長的場所。對等的，教士不是用
rabbi 或 *rabbenu*（我們的教士），而是用 *morénô*（我們的老師）
或 *khakhàm*（智者）。事實上，在「學校」裡，人不是被基督徒
中狠毒的 *khaltrúm* 所苦：*khaltrúm* 或 *khantrúm* 是天主教徒講究
儀式和偏執的結果，因為多神而拜偶像，令人無法忍受。（〈出埃
及記〉第二十章第三節：「除了我以外，你不可以有別的神，不
可為自己雕刻偶像……不可向任何偶像跪拜。」）這個詞在長久
詛咒中成長，來源已不可考，幾乎可確定不是來自希伯來文，而
是某種猶太－義大利隱語中的形容詞 *khalto*，亦即「偏執」，用

來形容崇拜偶像的基督徒。

　　A-issá 是聖母（就是「那女人」）。而全然不可解、祕密的字──可預料的是 *Odo*，當無可避免時，壓低聲音，四處張望，用這字指耶穌。愈少提基督愈好，因弒上帝之神話難以磨滅。

　　還有很多從禱文、聖書來的字。上世紀出生的猶太人，大致都熟讀希伯來原文，至少懂得部分：但成了隱語時，就任意扭曲。*Shafòkh* 這字根，意指「傾倒」，它出現在〈詩篇〉第七十九章（「願你將你的忿怒，傾倒在那不認識你的外邦，和那不求告你名的國度」）。我們的老祖母們就把 *fé sefòkh*（to make a sefòkh）用來形容嬰兒嘔吐。*Rúakh*（複數 *rukhòd*）意指「呼吸」，出現在黑暗而可敬的〈創世紀〉第二句（「神的靈運行在水面上」），從這發展出 *tiré 'n rúakh*（放屁）這生理詞，由此可看出一點選民與造物主間特殊的親密感。舉個實例吧，多年來流傳著雷琪娜姨的一句話，她和大衛叔坐在波街上弗羅里奧咖啡店，說：「*Davidin, bat la cana, c'as sento nen le rukhòd!*」（大衛，用力跺你的枴杖，免得人家聽到你放屁！）這是夫妻間親密的話。那時，枴杖是社會地位的象徵，就像今天坐頭等艙旅行。譬如，我父親有兩把手杖，平常是用竹枴杖，禮拜天則用籐手杖，杖柄鑲銀。他不用手杖支撐身體（無此需要），而是在空中比劃，及用來趕無禮的狗，簡言之，那是一個和粗俗大眾區隔的權杖。

　　一個虔誠的猶太人，應該每天頌禱 *barakhà* 這詞上百次。他應深深感恩，因每次如此做，就履行了與神的千年對話。雷翁寧爺是我曾祖。他住在蒙弗拉多，有扁平足，而他屋前巷子

鋪了圓石頭，他每次在上頭走就腳痛。有天出門，發現巷子改鋪了平石板，他高興得大呼：「*N abrakha a coi goyim c'a l'an fait I losi!*」（祝福那鋪路的不信教者！）至於詛咒，有一怪詞 *medà meshônà*，直譯是「怪死」，但事實上是模仿皮埃蒙特語 *assident*，在義大利語直說就是「去死吧！」雷翁寧爺還留下了這句怪話：「*C'ai takeissa 'na medà meshônà faita a paraqua.*」（願他碰上狀如雨傘的災難）。

我也沒法忘掉巴伯里柯，他只早一代，差點就是我真正的叔叔。對他，我有清晰而複雜的回憶，他不是其他前面說的「固守某種姿態」的傳奇性人物，而是活生生的記憶。本章開始所說的惰性氣體的比喻，對巴伯里柯再貼切不過。

他學醫，也成了個好醫生，但他並不熱愛這世界。也就是說，他雖喜歡人（尤其女人）、草原、天空，但可不愛辛苦工作、承諾、時程、期限、為前程而處心積慮、為五斗米而折腰。他會想出走，但太懶沒做。有個愛他的女人，他則心不在焉的容忍她。女人和朋友說服他去考越洋客輪的船醫，他輕易考取，從熱那亞到紐約航行了一次，回到熱那亞就辭職了，因為在美國「太吵了」。

那以後，他就定居在杜林。他有好幾個女人，每個都想嫁他、拯救他，但他認為結婚、診所、開業都是過多的承諾。在1930年代，他已是個怯懦的小老頭，深度近視，也沒人理。他和一個壯碩粗俗的 *goyà* 女人同居，不時怯怯的想離開她。他

喊她「*'na sôtià*」（瘋子）、「*'na hamortà*」（驢子）和「*'na gran beemà*」（巨獸），但總是略帶不可解的溫柔。那 *goyà* 甚至想要他 *samdà*（受洗，字面解是「毀滅」），他則總是推拒──並不是出於宗教信念，而是沒動機，事不關己。

巴伯里柯有十二個兄弟姊妹，他們給了他女伴一個殘忍的名字「瑪娜嗎啡娜」（嗎啡姨）。這女人既是異教徒又沒兒女，不能真算是個瑪娜；事實上對她，瑪娜這頭銜代表恰好相反的意思，一個「非瑪娜」，不被家族承認的人。而這名字殘忍，是因為它可能不正確暗指，她利用巴伯里柯的空白藥單取得嗎啡。

他們兩人住在凡奇里亞街一個髒亂的閣樓。叔叔是個有智慧、有能力的好醫生，但他鎮日躺在那兒看書讀舊報紙。他記憶奇佳，閱讀廣博，深度近視讓他戴著酒瓶底厚度的眼鏡，書只離臉八公分。他只有出去行醫時才起來，因他幾乎從不要錢，常有人來求他。他的病人多是住在郊外的窮人，他會收下半打蛋、菜園的菜，或舊鞋子作為診費。因沒錢坐街車，他走路去看病人。路上，透過近視眼微弱的視力，看到小姐朦朧的身影，他會上去在三十公分距離仔細打量，弄得人家不知如何是好。他幾乎不吃東西，好像無此需要，最後以九十高齡，尊嚴的過世。

費娜奶奶排斥世界的程度和巴伯里柯不相上下。她們四姊妹都叫費娜：因為從小四姊妹都先後被送到同一個叫戴費娜的保母那兒，她叫這些小孩同一名字。費娜奶奶住在卡馬諾拉一棟二樓公寓，很會鉤織。八十六歲時，她得了個小病，那時女士常有，現在則似乎都神祕消失了。從那以後二十年，直到過世，她再也

沒出過門，禮拜時，她就在滿布花朵的陽台向 *scola*（會堂）出來的人揮手。但她年輕時一定不一樣。她的故事是：她丈夫帶蒙卡弗教士來家做客，這教士是一個博學廣受尊敬的人。家裡沒什麼吃的，她在他不知情下，讓他吃了豬肉。她弟弟巴伯拉弗林（拉飛爾），在升格成巴伯之前，人稱「*l fieul d' Moise 'd Celin*」（色林摩西之子），現因賣軍用物資而成富人。他愛上加西諾的瓦拉布里加夫人，她是個大美女。他不敢公開追求，給她寫很多從沒寄的情書，然後給自己寫熱情的回信。

　　馬欽叔也有段失意的愛情。他戀上蘇珊娜（希伯來文是「百合」之意），是個輕巧、虔誠的女人，擁有百年特製鵝香腸的祕方，用鵝脖子本身做香腸的外膜。因此在 Lassòn Acodesh（聖言，即我們所討論的術語）中，脖子有三種相似詞留傳了下來。第一個 *mahané* 是中性字，代表脖子的字面意思。第二個 *savàr* 只用在隱喻，例如「有斷頸危險的快速度」。而第三個 *khanèc* 就非常委婉且有暗示性，指可被阻絕、斷去的重要通道，例如「斷你生路」。*Khanichésse* 的意思則是「上吊自殺」。好了，馬欽當蘇珊娜的助手，在她的廚房兼工廠和店裡幫忙，她架子上有香腸、聖物、護身符和祈禱書。蘇珊娜拒絕了他，而馬欽惡毒報復的法子，是把祕方偷賣給一個 *goy*。顯然，這 *goy* 不懂它的價值，因蘇珊娜死後（遙遠以前的事），市面上就找不到這祖傳的鵝香腸了。因這令人厭惡的報復，馬欽叔就遭開除「叔」級了。

　　最古最古，充滿惰性，籠罩在層層傳說之下的，是那令人難以相信、化石級的巴伯布拉敏，是我外婆那來自切里的叔叔。很

年輕時他就很富裕,從貴族手上,買了很多切里附近的農地。親戚靠他,吃喝跳舞旅行浪費了他不少錢。有天,他媽米爾卡(女王)姨病了,和丈夫吵了很久,終於決定雇個 *havertà* 做女佣。之前,她有先見之明,總是拒絕家裡有其他女人。果然,巴伯布拉敏愛上這 *havertà*,也許這是他第一個有機會遇上的可愛女人。

她名字沒傳下來,但德性大家知道一些。她豐滿而美麗,有雙壯觀的 *khlaviòd*(乳房):這詞在古希伯來文沒有,那時 *khalàv* 指「牛奶」。她當然是個 *goyà*,傲慢無禮,不識字,但燒一手好菜。她是個農家女,在家裡打赤腳。但這就是我叔叔愛死的地方:她的腳踝,直率的言語,和她的菜。他和女孩沒說什麼,但告訴他父母他要娶她。他雙親馬上發狂,叔叔就躺上床。他就留在床上二十二年。

那麼多年布拉敏叔做什麼呢?有很多說法。毫無疑問,大多時候,他把日子花在睡覺和賭錢。據說,他經濟狀況垮掉是因為「他沒夾好」債券,或因為他信任一個 *mamser*(雜種)管理他的農場,那人把它賤價賣給自己的同伙。米爾卡姨完全料中,我叔叔就這樣把全家拖垮了,到今天他們還為這後果悲嘆。

也據說他在床上讀了不少書,最後也算成了公正有知識的人,在床邊還接見切里名人並仲裁爭執。也聽說,那同一個 *havertà*,也到床上去了。至少我叔叔自願上床閉關的頭幾年,晚上還會偷溜出去到樓下酒店打撞球。但他總算是在床上待了幾乎四分之一世紀。當米爾卡姨和所羅門叔過世後,他娶了個 *goyà*,真的帶她上了床。到那時,他腿已完全無力站起來。1883

年，他死時很窮，但名聲可富，精神也平安。

做鵝香腸的蘇珊娜，是我祖母瑪利亞奶奶的表姊。奶奶留下 1870 年在相館照的一張臃腫、盛裝打扮的相片。在我小時遙遠的記憶，她是個邋遢、皺皮、暴躁、聾透了的老太婆。直到今天，不知怎麼搞的，櫥子裡最高架子上還有她的寶貝：黑絲花邊披肩、絲織巾、一個長了四代霉的貂皮暖手筒、刻有她名字的巨大銀器。好像，歷經五十年後，她的靈魂還回家來看看。

年輕時，她可是個令很多人傷心的大美女。年紀輕輕她就守寡了，謠傳先祖父受不了她的不貞自殺了。她獨自省吃儉用帶大三個男孩，令他們讀書。但到年老，她讓步了，嫁了個天主佬醫生，一個堂皇、寡言、大鬍子的老人。自此以後，她就傾向古怪小氣，雖然年輕時，她像多數美麗被愛的女人一樣慷慨大方。隨著年歲的增長，她逐漸斷絕家庭溫暖（本來大概感受就不是很深）。她和醫生住在波街一個陰暗的公寓，冬天只有一個小富蘭克林爐，幾乎暖不了。她不再丟掉任何東西，因為都可能有用處，連乳酪皮、巧克力鋁箔紙都留著——她用鋁箔紙做銀色小球，好送給教會以「拯救黑人小孩」。也許因害怕自己的選擇錯誤，她輪流去佩俄斯五世街的猶太 scola 及聖歐塔維奧教堂做禮拜，她似乎甚至還去告解呢！1928 年，她八十多歲過世，一群身著黑衣、邋遢的街坊鄰居為她送終，由一個叫西林柏格夫人的女巫帶頭。雖然為腎臟病所折磨，奶奶到最後一口氣還小心盯著西林柏格，怕她找到藏在床墊下的 maftekh（鑰匙），偷走 manòd（錢）和 hafassim（珠寶），後來證實這些東西都是假的。

　　她死後，她兒子和媳婦氣急敗壞的花了幾星期，清理屋裡堆積如山的垃圾。瑪利亞奶奶不分青紅皂白，存下垃圾和寶貝。從雕工複雜的核桃木櫃子裡蹦出成千的臭蟲，有沒用過的床單，又有打補釘脫線、薄得透明的床單。地下室中有幾百瓶好酒，都已經變成醋了。他們找到八件醫生全新的大衣，還塞了樟腦丸，但她允許他穿的唯一那件，卻打滿補釘，衣領油膩。

　　對她，我不記得很多，爸爸喊她媽姆（也用第三人稱），帶著孝意的愛說她的絕事。每星期天早上，爸帶我走路去看瑪利亞奶奶。沿著波街，我們走去，一路爸爸停下摸摸貓咪、聞聞美食、**翻翻舊書**。爸爸是工程師，口袋總裝著書，認識所有豬肉販子，因他用計算尺算所買的豬肉。他買時並不輕鬆，並非宗教原因而是迷信。打破食物禁忌令他不自在，但他愛豬肉，只要看到豬肉店櫥窗，每次都無力抗拒。他嘆一口氣，閉嘴詛咒兩下，以眼角盯我三次，似乎怕我批評或期望我的贊同。

　　當我們到公寓台階下，父親按鈴，奶奶來開門，他會對她耳朵大喊：「他考第一名！」祖母有點不情願讓我們進去，帶我們經過一串積滿灰塵、沒人居住的房間，其中一間有奇怪的儀器，是醫生半棄置的診所。很少看到醫生，我也不想看到他。尤其是自從有次我無意中聽到爸爸告訴媽媽，有人帶口吃的小孩就診，他拿剪刀把他舌下的筋肉剪掉。當我們到了起居室，奶奶會挖出一盒巧克力，總是同一盒，給我一顆。巧克力已叫蟲咬了，我困窘的趕快藏進口袋裡。

氫

Hydrogen

我釋放了一個自然力，

也證實了一項假說。

是氫沒錯，

和星星與太陽裡燃燒的元素一樣。

它的凝聚產生了這永恆而孤寂的宇宙。

　　1月，晚餐後恩瑞可來叫我。他哥哥去爬山，把實驗室的鑰匙留給他了。我立刻換裝到街上去會他。

　　路上，我才知道他哥哥並沒真的交鑰匙給他，那只是藉口，那種讓人會心的理由。他哥哥沒按習慣藏起鑰匙，也沒帶走，更沒警告他偷鑰匙的後果。直說吧，等了幾個月，那鑰匙就躺在那兒，我們能錯過機會嗎？

　　我們十六歲，而我對恩瑞可滿著迷的。他不活潑，成績也差，但和班上其他人不一樣，他敢幹那些沒人敢做的事。他有一種冷靜、固執的勇氣，一種早熟的能力，明白自己的未來，加以重視並促其實現。他全不理（但無輕蔑之意）我們對柏拉圖、達爾文、柏格森的冗長討論。他並非粗俗，但也不吹噓自己有多壯，從不說謊。他有自知之明，但我們也從沒聽他說過（像我們討好時，或發洩時）：「你知道，我覺得自己像個呆子。」

　　他有一種慢吞吞的想像力；和我們一樣活在夢中，但他的夢是合理的、圓鈍的、可能的。接近現實，並不浪漫，亦非天馬行空。他不會像我搖擺於天堂（好成績、球技、友誼、愛情）和地獄（不及格、悔恨，以及每次有永不如人的感覺）之間，他的目標總是可及的。他只愛升級，因此對那些沒興趣的東西，也耐心學習。為了要一個顯微鏡，他可以把腳踏車賣掉。他要跳撐竿跳，就每天去體育館長達一年，吭也不吭，也沒摔斷腿，他自訂目標是三公尺五十公分，等達到時就停止。後來，他要某個女孩，也就追到；他要錢來安靜過日子，就努力做十年單調的事。

　　我們立下志願要成為化學家，但我倆的期望大不相同。恩

瑞可很合理的拿化學當飯碗，賺個生活。我要的完全不一樣，對我，化學好像遠方西奈山上的渦雲，還夾帶閃電。就像摩西，我希望從雲中取得我的定律、世界的原理。雖然我仍生吞活剝的讀書，那時已對書本厭倦，正在找其他通往真理之鑰。那鑰匙一定有，但我確定由於某種陰謀，無法在學校裡找到它。學校裡，他們塞給我成噸的東西，我也辛勤消化它，但血管就是沒法暖起來。我要觀察春天的花蕊、花崗岩的閃爍雲母，用我自己的雙手，我對自己說：「我也要了解這些，要知道每一樣，但不是按他們教我的法子。我要找個捷徑，做個萬能鑰匙，我要打開那扇門。」

　　成天聽那些有關存有、知識的課，但周遭一切看來都不可解，這真令人喪氣、想吐。桌椅的木頭，窗上的日輪，6月空中飄浮的冠毛。世界上所有哲學家和部隊能營造這妙舞嗎？不，甚至無法了解它，這真是羞恥，一定還有另外一條路。

　　我們要成為化學家，恩瑞可和我。我們要以自己的力量和天分去挖掘那迷宮。我們要抓住海神的脖子，阻止祂那毫無結果的蛻變，由柏拉圖變到奧古斯丁，由奧古斯丁變到湯瑪斯，湯瑪斯變到黑格爾，黑格爾變到克羅齊，全都得停下來。我們要迫使祂說話。

　　這就是我們的計畫，我們可不能錯過任何機會。恩瑞可的哥哥是個神祕、易怒的傢伙，恩瑞可不愛提他。他是個化學系學生，在自家後院弄了個實驗室。到他家得穿過格羅斯廣場，進入羊腸小巷。實驗室很簡陋，不是因年代久遠，而是因極端的窮。

有鋪了瓷磚的檯子，少數一些容器，約有二十個裝了藥劑的燒瓶。到處是灰和蜘蛛網，陰暗而酷寒。路上，我們討論著要幹什麼，但想法很混亂。

我們好像受窘的暴發戶，但是更深、更本質的是另一種困窘，它與我們的家族、階級、祖先有關。我們雙手能做什麼？什麼也不能或近乎零。女人，我們的媽媽和祖母，有靈巧的手，煮飯、縫衣，甚至有人能彈琴、畫水彩、刺繡、打辮子。但我們和我們的父親呢？

我們的手既粗又弱，退化而不敏感：是身體最缺乏訓練的部分。除了小時能玩，後來就學寫字，如此而已。基於內在衝動，並且對遠祖表達敬意去爬樹時，這雙手還熟悉如何握住樹枝；但它們不諳那神聖、均衡的鎚子、刀刃的精準、木器的紋理，以及鐵、鉛、銅的可塑性。如果人是製造者，那我們不是人。我們清楚這點，也痛苦。

實驗室裡的玻璃，威迫而蠱惑。對我們而言，玻璃會破，屬於那種不能碰的東西，但親近接觸後，完全和其他東西不同，神祕而無常。這點也和沒有形式的水相像；但出於熟悉和必然，水的獨特隱藏在習慣表層下。但玻璃是人造的，歷史較短。它是我們的第一個犧牲者或對手。在實驗室裡，有各種實驗玻璃，各種口徑，長的、短的都布滿了灰。我們點起本生燈，開始工作。

要彎管子很容易，你只要在火焰上抓穩玻璃管。過了一陣子，火焰變黃，同時玻璃微微發光。此時彎它，曲線雖不完美，但大體上有了變化，你能隨意創造新的形狀；「可能」變為

「真」，這不就是亞里斯多德的意思嗎？

　　而，銅管、鉛管也可以彎，但我們馬上發現，紅熱的玻璃管有種特性。當它軟化時，你可以快速一拉，拉成細絲。真的，不可思議的細，細到可以被火焰上升的熱氣吹得朝上彎。細而彎，像絲。那，如有大量的絲和棉，是否能像玻璃一樣堅強？恩瑞可告訴我在他爺爺家鄉，漁人如何抓蠶。當牠們已經長肥，快變成蛹，又瞎又笨在樹枝往上爬時，漁人就抓住牠，用手指掰開，拉出粗粗的蠶絲。他們用來做漁線。這個我毫不懷疑的事，讓我既噁心又著迷。因牠慘死的樣子而噁心，但這乾淨俐落的發明也讓我著迷。

　　玻璃管也可以吹漲，但這難得多。管子的一端要塞住，然後從另一頭用力吹，可以得到奇薄、美的玻璃球。玻璃壁像肥皂泡，一吹就破。像死亡的象徵，泡泡「波」的一破，散落一地薄蛋殼。從某種角度看來，這是公平的處罰，玻璃就是玻璃，不應該去學肥皂泡。如果再追究一步，頗有伊索寓言的味道了。

　　和玻璃奮鬥了一小時後，我們又累又辱。看紅熱的玻璃太久，眼瞳紅腫乾澀，腳又冷，手指也燒破。畢竟，搞玻璃並非化學，我們來還有其他目的。我們的目標是要親眼看到、親手操弄化學書上輕輕鬆鬆提到的現象。例如，我們可以製造氧化亞氮──教科書上語調輕佻的說是笑氣。真會令人發笑嗎？

　　氧化亞氮可以由硝酸銨加熱來製造，我們實驗室中並沒有它，但有氨水和硝酸。我們不懂事先計算，就把它們混起來，直到石蕊試紙顯示中性。因此，反應放出大量的熱和白色煙霧。

　　然後，我們決定煮沸，把水趕掉。不一會，實驗室裡充滿刺鼻的煙，一點也不好笑。我們趕緊停止實驗。運氣可真好，因為我們不知道再熱下去將要產生會爆炸的鹽。

　　看來既不簡單也不好玩。我在牆角找到一個乾電池。噢，可以電解水。我在家裡已經試過了幾次，保證成功。恩瑞可絕不會失望。

　　我在燒杯中裝了水，放一把鹽，把兩個空果醬瓶子倒立在燒杯中，然後為電池接上銅線，線另外一端置入果醬瓶中。一串串小氣泡從銅線上升起，如果你仔細看，會發現陰極的氣體大約是陽極的兩倍。在黑板上，我寫下那有名的方程式，向恩瑞可解釋發生的化學反應。他似乎不大相信，但天色已暗，我們快凍僵了。洗完手，我們買了些核桃布丁回家，讓電解繼續下去。

　　第二天，我們還有鑰匙。完全和理論說的一模一樣，陰極氣體差不多滿了，陽極氣體大約半滿。我要恩瑞可注意這點，並盡量讓自己看起來有學問，讓他覺得我私下祕密實驗多次後，發現了定比定律。但恩瑞可情緒不大好，懷疑每件事。「誰說真的是氫和氧？」他無禮說道：「你不是放了鹽，那氯氣呢？」

　　這些問題聽來刺耳。恩瑞可怎可懷疑我的話？我是這兒的理論家，他不是。他雖是實驗室的主人（但是二手的），但他對此並不在行，就更不該批評。「我們來看吧！」我說道。我小心舉起陰極瓶，開口朝下，點根火柴，靠近瓶口。一聲尖銳的爆炸，瓶子都碎了（幸好，我只舉到胸前）。手上只剩個諷刺的象徵，一圈玻璃瓶底。

　　我們離開，邊走邊討論。我的腿有點發抖，同時感到事後的戰慄和愚蠢的驕傲，我釋放了一個自然力，也證實了一項假說。是氫沒錯，和星星與太陽裡燃燒的元素一樣。它的凝聚產生了這永恆而孤寂的宇宙。

鋅
Zinc

很顯然，

那天良機不可失；

那一刻，麗塔和我之間有座橋，

一座小小的鋅橋，

脆弱但可通行；

來吧，踏出第一步。

　　五個月以來，我們像沙丁魚般擠著上 P 教授的普通無機化學，心懷敬意。那門課百味雜陳，但總是新鮮刺激。P 的化學不在於宇宙機關，也不在於真理之鑰。P 是個幽默的老頭，一切高調的死敵（這是他反法西斯唯一的理由），慧黠而固執，有種冷冷的機智。

　　學生間相傳著他那冷酷殘忍的考試。他愛拿女生當犧牲品，接著是修女、神父以及所有那些「穿著像軍人」的人。傳說他主持化學研究所和他的專用實驗室，極為小氣：地下室中有無數盒用過的火柴，不准工友丟棄。化學研究所有個神祕的尖塔，給那地區帶來些仿冒的異國風味。它是老教授遙遠年輕時代下令建造的，為的是每年在那兒舉行一種汙穢、神祕的廢物回收儀式。儀式中，所有去年用的爛抹布、濾紙都一起燒掉。他親自分析灰燼，如乞丐般耐心回收所有的貴重元素（也許連不大貴重的也要），有點靈魂輪迴的味道。只有他忠心的助手卡西里可以參與那盛典。也傳說，他花一輩子時光打倒一種立體化學學說，不是用實驗，而是用論文。是別人做的實驗，他的死對頭躲在世界某個不知名的角落。每次死對頭的論文發表在《瑞士化學家報》上，P 就一頁一頁撕碎。

　　我沒法確定這些謠言是真是假，但每當他來到化學製備實驗室，所有本生燈他都注意，所以最好關掉它們。事實上，他讓學生用他們自己的五里拉銀幣做硝酸銀，二十分的鎳幣做氯化鎳。我唯一一次進入他辦公室時，看到黑板上寫著：「不管死活，別為我舉行葬禮。」這是真的。

我喜歡 P，喜歡他正經嚴肅，欣賞考試時他輕蔑的作風。他不穿規定的法西斯襯衫，卻套個可笑的巴掌大圍兜，走動時，不斷從外套翻領抖出來。他的兩本教科書很有價值，清楚到固執的地步，簡潔，充滿對一般人及愚懶學生的蔑視。哪個學生要是運氣好，在他面前證實不懶，會被當同事看待，享受簡短的稱讚。

現在，五個月的苦候結束了。我們八十個新鮮人之中，選出最不懶的二十個，其中有十四個男生，六個女生，我們准許進入化學製備實驗室。沒人知道將遭遇什麼；我覺得那課是他發明的，一種現代科技版的野蠻人成年儀式。每個人被迫離開書本，移植到刺鼻的煙霧、灼手的強酸之中，一切都和理論不合。我當然不反對成年禮，但 P 教授執行方式之殘酷，可以充分看出他恨恨的才氣。他讓我們受辱，來證實我們是徒弟。

總之，他的話和字，沒有一句是安慰的、鼓勵的，沒有一句指出來我們這條路上的危險、告訴我們這行業的祕訣。我常想，在內心深處 P 是個野蠻人，一個獵人。一個去打獵的人，只要帶著槍、箭、弓到森林裡去，成敗全靠自己。抓了就走，事到臨頭，所有的預言都不算數。理論沒用，別人的經驗也無效，重要的是自己去面臨各種挑戰。有種的就贏，弱的就改行。我們八十個人之中，第二年改行的有三十個，第三年又有二十個。

那實驗室乾淨整齊。我們一天在那兒五小時，兩點到七點。在門口，一個助理給每個學生一個題目，然後大家到準備室，那兒，毛髮蓬亂的卡西里分給大家材料，本國的或進口的，這人給點大理石，那人給十公克的溴，另一個給點硼酸，再一個給點黏

土。卡西里將這些貨交給我們時，總是面帶疑慮。這是科學食物，P的食物，也是他管的。天曉得我們這些野傢伙會幹出什麼褻瀆的事來。

卡西里愛P，一種爭論、抱怨式的愛。顯然，他忠心耿耿跟了P四十年，他是他的影子，他的地上轉世。就像世上所有代理者，他屬於一種有趣的人類品種：自己沒有權威卻代表權威的那一種。像博物館導遊、助理、代書、護理師和銷售員。這些人或多或少把主管的人性轉入自己身上，有時因此受苦，但通常以此為樂。他們有兩種不同的行為模式，看他是為自己，或為職位行動。常常，主子的人格完全滲進來，以致阻礙他發展正常的人際關係，所以卡西里一輩子單身。事實上，在修道院一定要守貞以獻身於最高的「祂」。卡西里是個謹慎寡言的人，從他悲哀而驕傲的眼神可以讀到：

——他是個偉大的科學家，而作為他的「助手」，我也有點偉大。

——雖然低微，但我知道一些他不知道的事。

——我比他還了解他自己，我預見他的行動。

——我支配他，防衛他，保護他。

——因我愛他，我可以說他壞話。你卻不行。

——他的原理是正確的，但應用起來便含糊。「以前，不是這樣的。」「如我不在這兒⋯⋯。」

事實上，卡西里之小氣及痛恨新事物，比P還過分。

命運使我第一天要製備硫酸鋅。應該不會太難，只要做了

基本化學計量，以稀硫酸和鋅反應，然後濃縮，結晶，乾燥，洗淨，再結晶就好。鋅、鋅板、鋅塊，他們用來做洗衣盆。這不是個讓人有想像力的元素，這元素灰色，化合物則是白色，無毒，也缺乏有顏色的化學反應。簡單來說，這元素很乏味。人類知道它已有兩、三百年，所以不像銅有輝煌的歷史，也沒有新發現元素的光彩。

我從卡西里手中拿到我的鋅，回到實驗台準備工作。我感到有點怪異，略帶惱意。就像滿十三歲時得去聖堂內教士面前，以希伯來文覆誦祈禱文。這期待多時的時刻終於來了，與精神對立的物質，我和它有約。

不需再從卡西里那兒拿其他材料了。鋅的伴侶，硫酸，在實驗室的每個角落都有。當然是濃硫酸，你必須用水稀釋。但，注意！所有書上都載明，把硫酸倒入水中而非反過來。不然，那無奇的液體會發怒，連小學生都知道這點。然後，你把鋅放到稀硫酸裡。

講義上有個細節，我第一次看時看漏了。鋅雖然很容易和酸反應，但是很純的鋅遇到酸時，倒不大會起作用。人們可以從這裡得到兩個相反的哲學結論：讚美純真，它防止罪惡；讚美雜物，它引導變化以及生命。我放棄了第一個道德教訓，而傾向於後者。為了輪子要轉，生活要過，雜質是必要的。肥沃的土壤之中，要有許多雜質。異議，多樣，鹽粒和芥末都是必要的。法西斯不要這些，禁止這些，因此你不是法西斯分子。它要每個人一樣，而你就不。世上也沒有無塵的貞德，若有也令人生厭。所以

在純鋅上加點硫酸銅，你會看到反應開始。鋅醒了，蓋滿白色的氫氣泡；蠱惑已經開始，你可以放手由它去，安詳的在實驗室裡踱方步，看看別人在做些什麼。

別人在做各種事，有些人做得很專心，也許吹吹口哨故示輕鬆。有些人到處跑，看看窗外現已翠綠的公園，另外有些人在角落抽菸、聊天。

在一角，有個抽氣櫃，麗塔坐在那兒。我走過去，很高興發現她煮的東西和我的一樣。是真高興，因為我已在她四周晃蕩了一段時間，心中盤算著出色的開場白，但關鍵時刻總是吐不出來，就留到第二天。我不敢，是因為害羞，沒自信，也因為麗塔拒人千里之外，真不明白為什麼。她很瘦，蒼白，悲哀而篤定。她考試成績不錯，但學習態度缺乏熱情。沒有人是她的朋友，沒人知道她的事，她話很少。因此，她很吸引我。我試著上課時坐在她旁邊，但也沒吸引她，我覺得氣餒但有挑戰性。事實上，那時覺得永遠無法得到女生的笑顏，就像沒了空氣，覺得注定一生孤獨無伴，甚感絕望。

很顯然，那天良機不可失；那一刻，麗塔和我之間有座橋，一座小小的鋅橋，脆弱但可通行；來吧，踏出第一步。

在麗塔旁邊晃時，我注意到第二件事：她的袋子露出一本黃色紅邊熟悉的書。書名？只能看到 IC 和 TAIN，但對我已經足夠了。那是我正在讀的漢斯‧加斯托普在魔山放逐的永恆故事。我問麗塔對那本書的看法，心中提心吊膽，仿佛那本書是我寫的。不久，我就發現她讀那小說的方式和我完全不同。以小說來

說，她很有興趣知道漢斯如何與蕭夫人進行下去，但全然跳過對我而言很有意思的政治、宗教及形上的討論：猶太教士納夫塔和人文主義者塞騰里尼之間的討論。

無所謂，事實上這也是個可討論的基礎。也許可以有更深入的辯論，因為我是猶太人，而她不是。我是那讓鋅反應的雜質，我是鹽粒或芥末。當然是雜質，就在那個月，《種族保衛》雜誌發行了，到處在談「純」，而我才剛開始以雜質為傲。真的，直到那時，我的猶太裔對我自己或我的基督徒朋友，始終沒什麼意義。我一直覺得我的出身只是一個偶然的有趣事實，沒多大意義，就像有鷹鉤鼻和痣一般。所謂的猶太人，只是在耶誕節時沒有買聖誕樹，他不該吃香腸但仍照吃，十三歲時學了點希伯來文，然後全忘光。照前面那本雜誌的說法，猶太人小氣、奸猾；但我可不怎麼小氣奸猾，爸爸也不。

所以和麗塔可有的聊了，但我想像中的談話並沒有引起任何火花。不久，我就明白麗塔和我全然不同：她不是芥末，她是個窮店主的女兒。對她而言，大學不是知識殿堂，它是一條困難、滿布荊棘，但通往學位、職位和固定薪水的路。從小，她就幫爸爸工作，曾經在鄉下小店賣東西，在杜林市大街上騎車送貨、收帳。所有這一切，並沒有在我們之間產生距離，我反而覺得羨慕，如同為她所有的每件事：她那雙照顧得不大好的粗手，她的平凡衣著，她的篤定目光，她的悲傷表情，她對我言談的斟酌。

我的硫酸鋅結果搞得很糟，變成一團白粉，放出令人窒息的硫酸氣。我放下它不管，請麗塔讓我陪她走回家。天已黑，她

家也不近。我自設的目標，客觀來說很平凡，但那時對我而言卻是無比的大膽。一路上遲疑，談一些片段的事，感覺如酒醉。最後，發著抖，我用手臂環著她。麗塔沒閃開，也沒靠攏過來。但我和她齊步，覺得興奮、得意。好像對未來幾年的黑暗、虛無和敵意，我已經打了個小小的，但決定性的勝仗。

鐵
Iron

山卓似乎是鐵打的，
他先祖和鐵關係不淺；
他告訴我他祖先是鐵匠、鍋匠，
他們在炭火中鍛造釘子，
打鐵打到耳聾，
而他自己看到岩石裡的鐵礦脈時，
就像看到了老朋友。

化學館牆外是暗夜，黑暗的歐洲：被騙的英國首相張伯倫剛從慕尼黑回來，希特勒不發一彈就進入布拉格，西班牙獨裁者弗朗哥已降服巴塞隆納，入主馬德里；法西斯義大利，這個三流海盜已占領阿爾巴尼亞。大災難的預兆像露珠般凝結在屋裡、街頭，在謹慎的言談和昏沉的意識中。

但暗夜並未穿透厚牆。是法西斯的新聞封鎖——這政權的傑作使我們和世界隔離，處於一種蒼白、麻痺的過渡狀態中。我們有三十人通過第一次考試的嚴苛關卡，准許修二年級的定性分析化學實驗。我們進入那巨大、陰暗、煙霧濛濛的化學館，就像來到天主的福拜堂，步步戒慎惶恐。以前我做硫酸鋅那實驗室簡直像是小兒科。就像小孩玩煮菜，不管怎麼樣，總會煮出東西來，也許太少，也許不純。但只有天才豬腦袋，才不會從菱鎂礦做出硫酸鎂，從溴做出溴化鉀。

這兒可不一樣；我們要向物質：無情之母挑戰，事情可不是開玩笑的了。下午兩點，教授給每人整整一公克的粉末。第二天我們得完成定性分析的報告，也就是它所含的金屬和非金屬。要像警察犯罪報告一樣，寫有或沒有，不准模稜兩可。每次都是一種抉擇，都是一種成熟、負責的審議，感覺乾淨俐落，法西斯教育從沒培養這種經驗。

有些元素，像鐵或銅，很容易而且直接，它躲不了。有些，像鉍和鎘，就很會騙人，無從捉摸。有一套古老而辛苦的系統研究方法，像壓路機和梳子的組合，沒有任何東西（理論上）逃得掉。但我喜歡每次發明一種快速的新方法，就像在戰場，不打陣

地仗而快速突擊。例如，把水銀昇華，把鈉變成氯化鈉，然後在顯微鏡下檢查晶形。在各種狀況下，在這兒，和物質的關係變成辯證的、面對面的比劃。兩邊是不對稱的對手。一邊問問題的是羽毛未豐的小化學家，手邊的教科書是唯一伙伴（因為雖然常請 P 教授幫忙，他總維持絕對中立，拒絕提供意見。這倒是個聰明的態度，此時誰開口都可能說錯，而教授是錯不得的）。另外一邊的是以謎題回應的物質，它古老、莊嚴，如人面獅身。那時我剛開始學德文，對德文 Urstoff（元素）這字很感興趣，那字頭 Ur 表示遠古的源頭，遙遠的時空。

在這實驗室，沒人費心教我們怎樣防酸、鹼、火和爆炸。似乎化學系的粗糙道德觀，就是靠天擇來選出我們那些能殘存下來的人。沒有什麼通風設備，每個學生在分析化學實驗時，按課本煮出一大堆氯化氫和氨氣，所以空中就永遠飄浮著嗆人的白色氯化銨煙霧，玻璃窗上形成了亮閃閃的細小結晶體。在要人命的硫化氫室裡，竟還有人躲在裡面吃點心。

在黝暗忙碌的沉寂中，我們聽到一個人用皮埃蒙特地區的方言說：「*Nuntio vobis gaudium magnum. Habemus ferrum!*」（我向大家宣告一個好消息，我們有鐵！）那是 1939 年 3 月，就在幾天前，當局才宣布關閉紅衣主教祕密會議，那是很多人希望的寄託，而宣布這項消息的用詞，幾乎和前句相同（*Habemus Papam*）。說出這句冒瀆話的人是班上安靜的山卓。

山卓一向獨來獨往，他中等身材，瘦而肌肉發達，最冷的日子也從不穿大衣，總穿著磨平的楞條花布燈籠褲，手織毛線長筒

襪，有時戴個小黑帽，讓我想起托斯卡尼當地詩人佛西尼。山卓有雙長繭的巨掌，粗獷的外貌，曬紅的臉，短前額，剪著平頭，走起路來大步而緩慢，像農夫。

　　幾個月前，反猶太的種族法宣布了，我也變成一個獨行俠。我的基督徒同學都是有禮的人，沒有任何同學或老師對我有無禮舉動，但我可以感覺出來他們的疏離。而按原始反應，我也疏遠，每次彼此互視都夾帶點絲微的疑慮。你覺得我如何？認為我是什麼樣的人？和半年前一樣，不去望彌撒的人，或者像但丁所說的「在你們當中嘲笑你的猶太人」？

　　我驚訝而愉快的注意到，山卓和我之間有些變化。那不是由於習性相近而產生的友誼。相反的，我們出身差異極大，使我們擁有很多「可交換物」，像兩個遠方的商賈遇到一起。我們之間也不是那種正常青年人間的奇特親暱，山卓和我從來沒到那程度。不久我就發現他慷慨、敏感、執著、勇敢，甚至有些傲慢，但此外他有些難以捉摸、桀驁不馴的特質。在我們那年紀，大家都不客氣把心中盤繞的任何事一股腦吐給別人，那是一種需要和本能（這時光可以拉得很長，直到第一次的妥協）。雖可感覺他內在豐碩而肥沃，沒有任何東西穿透出他矜持的保護殼，除了幾次偶然的暗示。他有貓的特質，你可和貓住幾十年仍穿不透那神聖的皮毛。

　　我們之間有很多需要彼此讓步的地方。我說我們是陰離子和陽離子，但山卓似乎不承認這比擬。他生於北部山區，一個美麗但窮困的地區。父親是水泥匠。夏天他幫忙牧羊。不是牧心

而是牧羊，不是出於自大而是對自然的愛好。他有種獨特的模仿本領，談到牛、羊、雞、狗時，他很高興的模仿牠們的聲音和動作，好像自己變成動物。他教我植物、動物，但很少談到家庭。小時候，他父親就死了，家庭簡單而窮困，因他聰明，他們就決定送他上學，可以賺錢回家；他以皮埃蒙特人一貫的認真服從了，但並不熱衷。他一路爬過高中的長路，沒花多少力氣就得了最高分。他對羅馬詩人卡圖盧斯或法國先哲笛卡兒沒興趣，他有興趣的是升級，星期天去滑雪、攀岩。他選化學是覺得它比其他學科好。那行業研究的是看得到摸得到的物質，而且比木匠或農夫賺麵包要容易些。

　　我們開始一起讀物理，當我試著向他解釋我近來混亂學習的一些理念時，他感到驚訝。千百年來的嘗試錯誤，人所獲得的尊貴是由於對物質的征服，而我學化學是因為要忠於這尊貴傳統。征服物質是了解物質，而想了解宇宙和人就必須了解物質。所以那時候正努力學的門得列夫週期表──是詩，比我們在中學時吞下的所有詩更高尚莊嚴，它還押韻咧！如你找尋語言世界和物質世界之間的橋，不必找太遠，就在那裡，在普通化學課本，在我們煙霧瀰漫的實驗室，在我們未來的事業中。

　　最後但最重要的是，一個誠實開放的男孩，難道對法西斯布滿天空的腐臭毫無知覺？他能接受一個會思想的人被要求只信不想？對所有的教條、斷言、命令，他不感到噁心？他確實感覺到了。那麼他怎能忽略這事實：我們所學的化學、物理除了本身是養分外，亦是我們所追尋的反法西斯解藥，因為它清晰明

白，每一步都可以驗證，而且不像報紙、電台充滿了空話和謊言。

山卓靜靜注意傾聽，而當我過於浮誇，他總是及時用一、兩句客氣話洩我的氣。但他內心有些東西在發酵了（當然不全因為我，那些日子是多事之秋），因它既新又古老，使他內心翻騰。直到那時，他只讀過義大利作家沙加里、美國小說家傑克·倫敦和英國詩人吉卜林，一夜之間他成為愛書者。他消化、記住每件事，他內部的每件事都歸位成生活的一部分。他開始努力學習，成績一下從 C 跳到 A。同時，由於潛意識的謝意，和由於要平等，他開始也對我的教育產生興趣，告訴我其中有漏洞。我也許對，也許物質是我們的老師，政治學也可能是，因為沒有更好的；但他有別的老師，它不是分析實驗室裡的粉末，而是真正、永恆的 Urstoff：附近山上的冰和岩石。他輕易向我證明，我沒足夠資格談物質。在此之前，我和恩培多克利斯的四元素[1]有過什麼親密關係？我知道如何點火爐？涉過湍流？我熟悉高山的風暴？種子的發芽？不。所以他也有很重要的東西可教我。

一段友情誕生了，而我也展開狂熱的一季。山卓似乎是鐵打的，他先祖和鐵關係不淺；他告訴我他祖先是鐵匠、鍋匠，他們在炭火中鍛造釘子，覆輪子以鐵環，打鐵打到耳聾，而他自己看到岩石裡的鐵礦脈時，就像看到了老朋友。冬天，興起時，他會把滑雪板綁在腳踏車上，大清早騎著車子直到遇見雪地，身上一

1　譯注：希臘哲學家的元素說，含水、火、土、氣。

文莫名，口袋一邊是生菜一邊是水果，然後晚上或第二天回來。睡在草棚裡，風雪愈大，肚子愈餓，他覺得愈健康快樂。

　　夏天，單獨出門時，他常帶隻狗作伴。這是一條表情頹喪的雜種狗；事實上，山卓告訴我那狗小時候被貓欺負過，邊說還邊表演。牠走得太靠近一窩初生小貓，惱怒的母貓開始發出嘶嘶聲，毛豎起，但那小狗還沒學會這些訊號，站在那兒像個呆子。貓襲擊牠，追上牠，抓破牠鼻子，此後狗就永久受創。牠覺得顏面盡失，所以山卓做了個棉球，告訴牠這就是貓，每天早上給牠發洩一頓，恢復牠的狗格。同樣為了心理治療，山卓帶牠去爬山。他把牠綁在繩子一端，自己在另一端，把狗穩放在突岩，然後往上爬，當繩子拉緊，他慢慢拉上去，所以狗學會鼻子朝天，在幾乎垂直的岩壁上爬，還嗚嗚叫，好像在做夢。

　　山卓攀岩主要靠直覺，不是技術，信任他的手力及岩石中的矽、鈣、鎂。如果沒把精力耗光，他會覺得浪費了一天。他向我解釋，如果不運動，肥肉會累積在眼睛後面，眼球會凸出來，這可不健康。努力運動會耗掉肥油，眼球就陷回眼窩變得銳利。

　　談起他的冒險，他有些勉強。他不是那種會為了能說它而去做某些事的人（像我）。他不喜歡偉大的話，連話也不愛說。就像爬山，他也沒學過怎麼說話。他只說核心重點，全不像別人。

　　如必要，他會帶個三十公斤的背包，但通常不帶。他有口袋就夠了，放蔬菜、麵包、小刀，有時是毛了邊的山岳指南，還有修補用的鐵絲。事實上，他帶指南不是因為信任它，恰恰相反。他排斥指南，覺得它礙手礙腳。不止如此，他覺得那是一種可厭

的雪、石頭和紙混合之雜種。他帶它上山是為了貶損它，若找到錯他會高興，即使自己或同伴受損。他可以走上兩天不吃，或一次吃三頓再走，對他，任何季節都好。冬天滑雪，但不是在那些設備優良、價格高昂的滑坡，對此他的短評是：太窮，買不起上坡穿的海豹皮大衣。他教我如何縫大麻布，一種克難品，它吸水然後凍得像鱈魚，滑下坡時須綁在腰際。他拉我到渺無人跡的新雪地越野滑雪，憑野人般的直覺找路。在夏天，從一個山崖到另一個，陶醉在陽光和風下，指頭劃過人類從沒碰過的岩石，但並非名山，也不是追尋偉績，這些事他無所謂。重要的是知道他的極限，考驗並改進自己。更模糊的目的是，為日日逼近的未來苦日子做準備。

看到山上的山卓，讓你還能認命活在這世界，忘掉歐洲的夢魘。這是他的地方，他生下來就為此，像土撥鼠一般。在山上，他就高興，那種沉默而感染的快樂，像點亮的燈。他讓我進入與天地的和諧，並注入了我對自由的企求，能力的豐饒，及了解事物的飢渴。我們會在清晨爬出帳篷揉著雙眼，太陽即將升起，四周矗立著白色、褐色的群山，清新得好像昨夜才出生，但同時又如此古老。它們是孤島，是他鄉。

有時並不需要到高山或遠地。季節間，山卓的王國是攀岩體育場。騎車離杜林兩、三小時內有好幾個地方，我真想知道人家現在是否還去；草堆尖石的渥克曼塔、古明拿之牙、巴塔拿石（意為裸石）、布羅及沙如等等，都有些樸實的名字，而最後一個是山卓和他神祕的兄弟發現的：神祕是因山卓從未讓我認識，但

從他的言談看出，他與山卓的關係與普通人差不多。沙如的意思是「恐怖」，那是一塊在滿布黑莓和灌木的山丘豎起的一百公尺高花崗岩，從根到頂有一個狹縫，縫愈到頂愈小，最後攀岩者不得不爬到岩石的光面上，驚駭不已，頗像但丁的克里特老人。在那時，頂上只有一根岩釘，是山卓兄弟留下來的。

那些是奇特的地方，只有像我們這樣的業餘者去，山卓全認得他們。爬時有技術問題，一路還有汗水吸引來的大青蠅，半途則常有長草莓和蕨類植物的岩壁。我們常抓著縫中植物的根爬，幾小時後到達峰頂，但這並不是峰，大多數是寧靜的牧地，牛兒漠然瞪著我們。然後只用幾分鐘，我們以瘋狂的速度沿著布滿牛糞的小道衝下山去拿腳踏車。

我們的冒險從不是安詳踱步，有時反而更困難，山卓說到四十歲時，我們可以有更多時間欣賞風景。2月某天，他說：「讓我們去，好嗎？」——在他的用語是指，既然天氣很好，我們下午該出發去爬 M 之牙，我們研議已久的一座。我們在一家旅店過夜，第二天不太早（山卓不喜歡錶，它靜靜的宣示是一種侵犯）離開。我們一頭栽進霧中拚命爬，一點左右看到陽光，已到一峰頂的巨石，但爬錯了峰。

然後我說，我們應可以往下爬一百公尺，穿過山，然後沿著下一條山脊上去；或乾脆就爬這座錯山好了。但山卓，以他了不起的懷疑及短短幾字說我的建議很好，但從這兒「走輕鬆的西北脊」（這是諷刺的引用指南），我們也可以在半小時內到 M 之牙。連走錯路都不允許，豈不辜負了二十歲的青春。

　　「輕鬆山脊」在夏天一定是很輕鬆，但我們發現它實在令人頭痛。面陽的石面是潮的，背陽面結冰，大石塊之間的地方是深到腰部的鬆雪。我們五點才到山頂，我拖著可憐的疼痛腳步，而山卓則幸災樂禍哈哈大笑，我有點惱怒。

　　「我們怎麼下去？」

　　「要下去嘛，到時候再說吧。」然後他又語帶神祕說道：「最糟的情況是必須嚐熊肉。」嗯，那夜我們嚐到熊肉了，夜晚感覺非常非常長。我們花了兩小時爬下來，繩子都凍直了，丟起來困難。七點鐘天已黑，我們到一個凍住的池塘邊。我們吃剩下的一點東西，在迎風面搭個沒用的擋風板，在地上躺下來睡覺，彼此緊緊靠在一起。時間仿佛凍結，我們隔一陣就站起來活動血液，感覺總處在同一時間：風從沒停過，總是同樣月影，同樣的碎雲。我們照書上說的脫下靴子，腳留在袋中。黎明的第一道曙光似乎來自雪堆不是天上，我們兩眼惺忪，四肢麻木的爬起。靴子凍住，敲起來像鈴，我們得像老雞孵蛋抱著它許久才能穿。

　　我們還是拿出精神下了山。旅店老闆吃吃竊笑問我們可好，同時瞪著眼睛看我們那副狼狽相。我們輕鬆回答旅途愉快，付了帳，揚長而去。這就是那——熊肉；多年過去，我後悔我吃得那麼少，因再沒有任何東西嚐起來那麼香，那是健壯和自由的滋味，可以犯錯的自由，自己做主人的自由。這就是為什麼我感激山卓有意帶我找麻煩，我知道這日後幫了我。

　　那倒沒幫山卓，至少沒多少。山卓的全名是山卓・戴馬斯楚，皮埃蒙特行動黨遊擊隊戰死的第一人。1944 年 4 月，在數

月極端緊張活動後，他被法西斯俘虜，拒不投降，反試著從法西斯黨部逃走。墨索里尼從少年感化院招募的兒童行刑隊，從背部用衝鋒槍打穿他的脖子。屍體暴露在路上多天，法西斯禁止人民埋葬他。

今天我知道想用文字編織一個人，讓他在紙上活起來，尤其山卓，是完全無望的。他不是那種你可以說故事的人，也不是你立碑的人——他嘲笑石碑。他活在行動中，當行動結束，他什麼也沒留下——留下的就只有文字。

鉀
Potassium

助教帶著些微的反諷表情看著我：

不做總比做好，

沉思比行動好，

他的天文物理是巨大不可知的起點，

我的化學是惡臭、爆炸和小祕密。

　　1941 年 1 月，歐洲的命運似乎注定了。只有自我蠱惑的人還以為德國不會贏。遲鈍的英國人「還沒注意到他們已輸」，還在轟炸下頑抗，但他們是孤軍，所有戰線都敗退中。只有裝聾作啞的人還會懷疑德意志歐洲下猶太人的命運。我們已經讀了由法國偷運進來的，富格特王格的反納粹著作《奧培曼兄妹》（*The Oppermanns*），也讀了由巴勒斯坦走私來的不列顛白皮書，書中描述「納粹的暴行」；我們只是半信半疑，但那就夠了。許多難民由波蘭和法國來到義大利，和他們談論，他們並不清楚在沉默的恐怖籠罩下正在進行的屠殺，但每個都是使者，說著：「只有我逃出來告訴你這故事。」

　　但是，若要活下去，若要善用年輕的血氣，沒有其他法子，只有自己搗著眼，就像英國人說的「我們沒注意到」，把危險推到腦後，暫時忘掉。我們也可以拋棄所有的東西，逃到還開放的國家去，如馬達加斯加，英屬宏都拉斯。但這要很多錢和勇氣──而我和家人及朋友們兩樣都缺乏。況且，從近的看，事情似乎還沒那麼糟；我們四周的義大利，精確點說，皮埃蒙特和杜林，對我們並無敵意。皮埃蒙特是我們真正的家鄉，在此我們不會迷失自己，杜林四周晴天可看到的山，是我們的，是別處所沒有的，它教導我們忍耐和智慧。簡單來說，皮埃蒙特和杜林是我們的根，雖不龐大卻深入廣闊，藤蔓纏繞，無法割捨。

　　不管是「亞利安」或「猶太」，我們這一代還沒想到，人們可以、也必須抵抗法西斯主義。我們的抵抗是被動的，限於排斥、孤立和避免汙染。反抗的種子沒傳下來，多年前被一網

打盡了。那些最後的杜林大頭們：愛因諾迪（Einaudi）、金茲堡（Ginzburg）、孟弟（Monti）、福亞（Foa）、齊尼（Zini）和卡羅‧李維（Carlo Levi）[1] 都已送到監獄，放逐去了。這些名字對我們是空洞的，我們對他們幾乎一無所知──我們四周的法西斯毫無對手。我們必須從頭「發明」我們的反法西斯，從我們的根創造出來。我們看看四周及過去，哲學家克羅齊、《聖經》、幾何學和物理似乎是信心的來源。

　　我們在猶太法典學校的體育館集合──古老的希伯來小學，讓大家很驕傲的稱為法政學校，再度學習《聖經》裡的正義與不義，以及克服不義的力量，認清新的壓迫者，阿哈蘇魯和尼布加尼撒王。但何處有西奈山，那「聖王」，解除奴隸腳鍊、淹沒埃及戰車者？頒布律令予摩西、鼓舞解放者以斯拉與尼希米[2] 的祂，未再鼓舞任何人，聖賢不再，天空寂靜而空虛，波蘭猶太區被毀。慢慢的，逐漸的，孤獨無援的想法深入我們心中。天上地下，我們都無同盟，我們只有孤軍奮戰。所以，我們有內在的驅動力去發掘自我極限：去騎車數百公里，去爬我們不熟的山岩，去自願忍受飢餓、寒冷和疲倦，來鍛鍊我們自己的耐力。岩釘有沒有釘好，繩子牢不牢靠，這些也是信心的來源。

　　化學，此時對我不是這力量泉源。它導向物質的中心，而物質是我的盟友，因為法西斯最心愛的「精神」是我們的敵人。但到了化學系四年級，我不能再忽視化學本身並無法回答我的問

1　譯注：都是杜林的反法西斯前輩，此時都已流亡放逐，或進入地下。
2　譯註：都是《聖經》中猶太民族之救難者。

題，至少我們所學的化學如此。按加德曼法製備溴化苯或甲基紫是頗有趣，甚至迷人，但與食譜差別不大。為何要這樣而非那樣？在中學裡被強灌法西斯理論後，所有的未證實真理，在我看來都可疑或無聊。化學定理存在嗎？不，所以你還得往前走一步，回到源頭，回到物理和數學。化學的起源寒微，或至少曖昧——那是煉金士的窩，煉金士的想法怪異荒誕，他們對金子著迷，他們是騙子和魔術師的綜合體。而物理的源頭是西方文明的清明理性——阿基米德與歐幾里得。我想成為物理學家，也許沒學位，因希特勒與墨索里尼都禁止它。

第四年化學課中有些物理：量黏度、表面張力、旋光性這些東西。任課的是個年輕助教，又瘦又高，有點駝背，有禮而極害羞，他做事的方式我們不大習慣。其他的老師絕無例外的都自認教的東西極重要，有些是基於信念，有些是個人自尊。但那助教，幾乎是向我們致歉般站在我們這邊。他那困窘的笑容似乎是說：「我也知道以這種老舊破儀器，你們是做不出什麼有用的東西，而且這些都只是屬於邊緣的，更重要的知識在他處。但這是你、我必須的工作——所以請不要毀壞太多，同時盡量學習。」短時間，所有班上的女生都愛上他。

在那幾個月中，我到處求這個或那個教授收容我為學生助理。有些尖酸的說那違反種族法律，其他人則找些模糊的藉口。經過第四或第五次拒絕後，有天我抱著難忍的痛楚騎車回家。我沿著卡羅素街沒精打采騎著，范倫提諾公園那方向吹來陣陣寒風，已是黑夜，街燈也照不透霧氣。稀疏的路人行色匆匆，突

然我注意到當中一人，他和我同方向慢慢走著，穿著黑大衣，頭上沒戴帽。他背有點駝——看來像助教。是的！是他沒錯。我超越他，不知要說什麼，然後又鼓起勇氣回過頭來，這次仍不敢說。我知道他什麼呢？什麼也不知道。他可能漠然、偽善，甚至是敵人。然後，我想反正也無可損失，大不了再一次被拒絕，於是，就單刀直入問他，能否讓我成為他實驗室的學生。那助教看來很驚訝，但沒有我期待的冗長解釋，他直接吐出福音書上的二字：「跟我。」

　　實驗物理研究所內部，都是灰塵和上世紀的鬼魂。有成排裝著發黃文件的紙盒，老鼠和蟑螂咬得亂七八糟。這些是日食的觀測紀錄、地震紀錄，還有上世紀留下來的氣象報告。在走廊邊上，可以看到一個奇長的喇叭，九公尺以上，沒人知道它原來幹什麼用的——也許用來宣告審判日，所有隱藏的都得現身。有個風琴管、汽缸，還有一堆各式各樣古老的機械，用來做課堂示範：一種病態而聰明的初級物理教學形式，舞台效果重於概念，它既非魔術亦非幻視，介乎兩者之間。

　　助教在他住的一樓小房間接待我，那兒的儀器全然不同，是生疏而令人興奮的設備。有些分子有電偶距，它們在電場中就像在磁場中的磁針會轉向，有些快，有些慢。它們會看條件，或多或少遵守一些定律。這些儀器是要搞清楚這些條件。它們等著有人來用，而他本人正忙著其他事（天文物理，這使我震驚徹骨。啊！我面前就是個天文物理學家，連血帶肉！）而且，他對物

質的純化沒經驗，需要個化學家，而我就是那受歡迎的化學家。他高興的把場所及儀器交給我。場所是兩平方公尺的桌子，儀器不多，其中最重要的是韋士伐天平和外差振盪器。我已知第一樣，不久我也弄熟第二樣，基本上是個無線電接收器，目的是量兩個頻率的差別，很靈，如果實驗者移動椅子或有人進來，它就叫得像隻看門狗。一天當中某一時段，它放出一堆神祕的訊息，像摩斯密碼，嘶嘶聲，扭曲的人聲，外語或義大利語，但都是聽不懂的祕語。它是戰爭中的無線電巴別塔，由飛機、戰艦傳來的死亡信號，從天曉得誰越過群山大海，傳送給天曉得是誰。

　　在山、海之外，助教告訴我有個學者叫翁薩格[3]，他對這個人一無所知，除了翁薩格導出一個方程式，聲稱可以解釋所有液體中極性分子的行為。在稀釋溶液時，那方程式很好用，但似乎沒人去研究它對濃縮溶液、純液體及混合液的功效。這是他建議我的工作，準備一些複雜的液體，看看它們是否遵守翁薩格方程式。我很興奮的接下這工作，第一步，我需要做一些他不會做的事，在那時代不容易買到純物質來做實驗，我應先花幾星期純化苯、氯化苯、氯化酚、胺基酚、甲苯胺等等。

　　幾小時的接觸就足以看出助教的性格。他三十歲，剛結婚，希臘裔，但來自特里斯特，懂四種語言，愛音樂、赫胥黎、易卜生、康拉德和托瑪斯曼，尤其愛最後一人。他也愛物理，但他覺得任何有目標的活動都可疑，所以他有些高尚的懶散，自然也討

3　譯註：Lars Onsager，理論化學家，1968年諾貝爾化學獎得主。

厭法西斯。

　　他和物理的關係困惑我。他毫不遲疑刺破我的期望，證實我們從他眼裡得到的「邊緣無用論」印象。不只是我們學生的實驗，而是整個物理都是邊際的，它的本質是從宇宙的外觀規則著手，而真理、實體、人與事的本質則在他處，在面紗之後，或是在七重紗（我不很記得）之後。他是個勤奮的天文物理學家，但無幻念：真理在望遠鏡達不到的地方。這是條長路，他走來充滿荊棘、驚奇和快樂。物理是詩篇、心靈運動場、創造之鏡、人類控制自然之鑰。但創造者、人和地球的位置在哪裡？他的路遙遠，他才剛開始；我是他的徒弟，我願跟他走嗎？

　　那是個嚇人的請求。做助教的徒弟對我而言每分鐘都快樂，一種無陰影、從未有過的經驗。更深刻的是，我確定這關係是相互的。我，一個猶太人，為時代的動亂被排斥於社會之外，是暴行的對象，但還不到以暴制暴的地步。我應是他理想的對話者，一張上面可以寫任何東西的白紙。

　　我沒有登上助教給我的神駒[4]。那幾個月中，德國毀了貝爾格勒，衝破希臘的抵抗，空襲克里特島，那才是真的，才是實在的。我沒有其他逃路。最好是留在地上，老老實實玩電偶距，純化苯，並預備面臨未知的悲劇。在戰時條件下，準備苯可不簡單。助教宣稱我有充分的自由，可以從地下室到閣樓到處搜尋，搬走任何儀器，但我不能買任何東西，他自己也不能，這是完全

4　譯註：原文hippogriff是神話中半馬半鷲怪獸，指改行學天文物理，飛向天空。

的自給自足政策。

　　在地下室我找到一大桶百分之九十五純度的工業用苯，總比什麼都沒有好。但手冊規定要分餾它，最後蒸餾時要加入鈉來去除殘存水份。分餾意思是部分蒸餾，丟棄那些沸點太高或太低的部分，只留下「中心」部分，它的沸點須固定。在地下室寶庫中，我找到所需的玻璃器皿，包括維氏分餾管，一種需要玻璃匠超人毅力的藝術品，美得像鑲花緞帶。但（偷偷告訴你）它效率可疑。我拿一個小鋁鍋作加熱用。

　　蒸餾是美麗的。第一，它是件緩慢、安靜、哲思式的工作；你雖忙但有時間想其他事，有點像騎腳踏車。然後，從液體轉化成氣體（看不到），再由氣體轉回成液體，一上一下就純化了，它是驚奇的。最後，你在重複一個古老的儀式，幾乎是宗教性的，從不純物質，你得到精華，而歷史上最早的蒸餾，是溫暖人心的酒。我花了兩天得到些足夠純的部分。因為要用火，我躲到二樓一個沒人的小房間去。

　　現在我得加進鈉，蒸餾第二次。鈉是一種退化的金屬。它的金屬意義是化學面的，不是一般語言指的金屬。它既不硬也不韌。它軟得像蠟，它不光不亮。除非你拚了命照顧它，不然它立刻和空氣作用，使表面蓋了一層醜陋的外殼；它和水反應更快，它浮在（一個會浮的金屬！）水面跳舞，放出氫氣。我翻遍整棟樓也找不到鈉，只找到一大堆封管劑，各種古怪的藥，顯然幾世代都沒人碰過，就是沒有鈉的蹤影。但我找到一小瓶鉀。鉀是鈉的雙生兄弟，所以我抓了它回到我的隱居間。

照手冊寫的，我在苯中放「半個豌豆大」的鉀，然後開始蒸餾。蒸完後，我規規矩矩滅火，拆開儀器，讓瓶中餘液冷卻，然後用長夾取出「半個豌豆」的鉀。

前面說過，鉀是鈉的雙生兄弟，但它和空氣、水反應更劇烈，誰都知道（我也知道）它碰到水不但產生氫，而且還會燒起來。所以我待它像聖物，把它放在乾濾紙中包起來，下樓到院子裡，挖個小墳，把這小鬼屍體埋了，再小心蓋上土，回去工作。

現在燒瓶空了，我把它放到水龍頭下，打開龍頭。我聽到「砰」的一聲，一道火焰從瓶口噴向窗子，四周的窗簾立刻起火。我還在蹣跚找東西滅火時，百葉窗開始燒焦起泡，房間裡到處是煙。我找到一把椅子，拉下窗簾，丟到地下拚命踏，煙燻得我半瞎，太陽穴血脈賁張。

破碎的窗簾熄火了之後，我呆立好幾分鐘，兩腿發軟，茫然望著災難後的遺跡。氣喘過來以後，我下樓去告訴助教發生的事。如果說在痛苦時刻回憶美好時光是悲傷的，那麼現在安詳坐在桌前，回想那痛苦時刻，可真是衷心的滿足。

助教很有禮貌注意聽我說，但面帶疑問：誰叫我去幹這事呢？如此大張旗鼓蒸餾苯？可以說算我活該。有些事就是會發生在那些只在聖殿前混混但就是不進去的人身上。但他沒說什麼重話，只是藉機（總是不太情願）指出空瓶子不可能著火，裡面一定不空。裡面除了空氣外，一定還有苯蒸氣。但從沒人見過苯自己會燒起來，只有鉀可能自燃，而我已取出全部鉀。真的全部嗎？

　　我說全部，但開始心虛，回到犯罪現場後在地上找到碎片。在其中一片上，有幾乎看不到的一小片白粉。我用酚酞指示劑試了一下，是鹼性，那是氫氧化鉀。罪魁找到了，在瓶壁上一定還沾著一小片鉀，它只要有一點倒進的水，就反應起火點燃苯。

　　助教帶著些微的反諷表情看著我：不做總比做好，沉思比行動好，他的天文物理是巨大不可知的起點，我的化學是惡臭、爆炸和小祕密。我則想到另一個比較實際的教訓，我相信每一個強硬派的化學家都同意：不要相信「幾乎一樣」（鈉幾乎和鉀一樣，但如用鈉就沒事）、「實際上相同」、「代用品」，以及各種湊合物。差異雖小，但可以有完全不一樣的結局，像鐵軌的轉轍點。化學這行花很多時間學這些差異。見微知著，這不只是化學。

鎳
Nickel

我們是化學家，

是狩獵者，

只有兩條路，

成功或失敗，

殺死白鯨或船沉海底，

不能向難以理解的物質屈服，

不能坐以待斃。

　　在抽屜裡，我有一張精美的畢業證書。上面以高雅的字體寫著：普利摩・李維，猶太族，榮獲「特等績優」（summa cum laude）化學博士學位。因此，這是張曖昧的文件，一半榮耀一半嘲諷，半是赦免半是判罪。從 1941 年 7 月，它就躺在那兒，而現在已是 11 月末。世界正奔向災難，而我四周卻什麼也沒發生。德軍像洪水般淹沒波蘭、挪威、荷蘭、法國、南斯拉夫，並且像刀切牛油般深入俄國大草原。美國還沒有出兵幫助孤立的英國。我則失業，為找任何能餬口的工作耗盡力氣。在隔壁，得癌症的父親只剩幾個月可活。

　　門鈴響起，來了位身著義大利軍裝的瘦高年輕人。我立刻意識到來了天使救星，拯救靈魂的使者。簡單說吧，每人都在等待前來宣告命運的人，等他開口才知是好還是壞。

　　他開口了，有很重的托斯卡尼腔，要找李維博士，真是我咧，我還不習慣這頭銜。他文雅的自我介紹，並要聘用我。誰介紹他來的？另外一個使者，卡西里老頭，那個 P 教授不屈不撓的捍衛者。我文憑上的「特等績優」總算有用了。

　　中尉顯然知道我是猶太裔（反正我的姓也讓人無從懷疑），但好像並不在意。而且，好像有意找的，他有點為了打破種族隔離法令而稍稍得意。他是我們祕密的同盟。

　　他給我的工作頗為神祕有趣。「在某處」有一座礦場，只從其中取出百分之二的有用物質（他沒說是什麼東西），其餘百分之九十八的無用物質，就堆在附近山谷沒用到。在這「無用物

質」中有鎳，雖然含量很少，但鎳價很高，應該考慮提煉。他有些主意，但因身在軍中，缺乏自由。而我就來代替他在實驗室中試驗他的主意，如果成功的話，就想法子和他一起大量生產。顯然，這是要我搬到「某處」。我的搬遷要在雙重保密下進行。一方面，因為這「某處」是在軍事管制之下，我不能讓人知道我的真名和低賤的血統，以便保護自己。另一方面，為保障他的主意，我要發誓不向任何人透露。事實上，一個祕密會加強另一祕密，所以，就某種程度而言，我的賤民身分是再好不過了。

　　他的主意是什麼？「某處」在哪裡？直到我確定接受以前，中尉告罪不能說，這當然。只大約知道「某處」離杜林有幾小時車程，而主意是使「無用物質」轉成氣體以便反應。我馬上和雙親商量。他們同意了：爸爸生病，家裡急需錢。至於我自己，根本毫不猶豫：我感覺無工作使我無奈，而對化學又很有自信，願意一試。而且，中尉引起我的好奇，我喜歡他。

　　可以看出，軍服讓他不自在，選擇我一定不止於實務考量。他含蓄而輕蔑的談論法西斯主義和戰爭，我不難看出他的態度。這整代義大利人反諷式的輕快態度，足夠慧黠和誠實而不信法西斯，太懷疑所以不積極反抗，太年輕所以不能消極接受那將至的悲劇。天意介入的種族法律，讓我提早成熟做了人生選擇，不然我也就屬於那樣的一代。

　　中尉確知我同意後，立刻約定明天在火車站會面。準備什麼？我不大需要什麼：當然不要任何文件（開始時，我連假名都沒有，以後看著辦）、幾件大衣（我爬山時穿的剛好派上用

場）、一件襯衫，也許再加上幾本書吧。至於其他，沒有問題：我會有間有暖氣的房間、實驗室、定時供餐、一組工作人員，同事們是好人，但他勸我別混得太親熱。

　　我們一起出發，下了火車，通過森林爬了五公里山路到達礦場。中尉匆匆而認真介紹我給主任，一個高個子精幹的年輕工程師，比中尉更一板一眼，顯然已經知道我的來臨。我被帶到實驗室，那兒只有一個人等著我。一位骨瘦如柴的女孩，約十八歲，有一頭火紅色的頭髮，一雙斜而綠色的精明眼睛，說是我的助理。

　　飯是送到辦公室的，吃飯時我聽到廣播報告日本偷襲珍珠港，日本向美國宣戰。一起吃飯的同伙（中尉和一些職員）對這則新聞的反應不一：包括中尉的幾個人，小心望我一眼，有些則擔心評論著，也有人則好戰堅持這更證明日軍和德軍是無敵的。

　　就這樣，「某處」具體化了，但仍是個魔境。是的，所有礦場本身自古以來都像魔術般不可思議。地下五臟內都是 kobolds 和 nickel（即德文的「精靈」或「怪魔」）。鎳（nickel）這個字就源自這裡。這些怪物可以大方引導你的鋤鎬找到寶物，或是矇騙欺眩你，讓硫鐵礦像金子，把鋅裝得像錫。事實上，很多礦物的名字，其字源的意思是「欺騙、仿冒和昏眩」[1]。

1　譯註：鎳最早採自德國薩克斯森的砷化鎳礦，它外表很像氧化銅，礦工無法從中提煉出銅，認定是魔鬼搗蛋，而稱為 kuppernickel（銅魔），後來發現不含銅而含鎳，因此「銅」字去掉，剩下的「魔」字即指鎳。元素鈷也源自 kobolds（精靈），今名為 cobalt。

　　工廠建在隧道口下方，沿山坡的一排平台上，在那兒礦石用巨大的機器壓碎，主任幾乎帶著孩子氣，興奮跟我描述那機器。那像是一個倒放的巨鐘，喇叭花狀，直徑四公尺，鋼製的。在中央，從上而下有個大錘子。它振動的動作不大，但足夠在瞬間把推車倒下的石頭壓碎，然後從底端送出如人頭大的小石頭。操作時，會發出有如地獄般的隆隆巨響，煙灰在很遠的地方都看得到。接下來，石頭繼續壓碎直到變成砂石，然後弄乾、篩選。不難明白，最終目標是取出岩石中那百分之二的石綿。剩下的就在山谷中到處亂倒，一天有好幾千公噸。

　　年復一年，山谷就慢慢塞滿碎石和灰塵，碎石中仍殘留的石綿使它有點滑，像冰山一樣慢慢滑動下去，大約每年滑十公尺。它對山壁的壓力大到在岩壁壓出很深的橫紋。山下房子每年也往下陷好幾公分。我住的那房叫「潛艇」，就是因它正靜靜往下沉。

　　到處是石綿，像雪一般。書放在桌上只要幾小時，再拿起時就留下書影。屋頂蓋了厚厚的灰，下雨時雨水就像從海綿滲出，直到突然整大塊從屋簷掉下。礦場工頭是個叫安泰斯的肥胖巨人，留著濃厚而黑的大鬍子，有鄉土味。他告訴我說，多年前一場連續大雨，從礦場壁刷下幾公噸的石綿，塞住排水口，其上漏斗狀的地形，積了有兩萬立方公尺的湖水。沒人管它。只有他看出麻煩，向主任堅持要處理。身為好工頭，他主張湖底炸開個洞解決。但又是這，又是那，危險呀，要請示上司呀，沒人要做主，直到礦場自己做決定。

　　當那些人還在討論時，忽聽到一聲悶響，塞子破開了，大水

向下衝，沖走許多車子，場區變成廢墟。安泰斯指給我看洪水留下的痕跡，離地面足足有兩公尺。

　　工人和礦工（當地人稱礦員）來自附近村子，每天由山路走兩個鐘頭上工。職員就住在礦場裡。平原只有五公里之遙，但礦場就像個獨立王國。當時外頭靠配給和黑市運作，但礦場沒什麼供應問題。沒人知道怎麼搞的，但大家就是什麼都有。許多職員有自己的菜圃，有人還有雞舍。常常，某人的雞溜到別人的菜園去破壞，引起煩人的爭吵不快。這實在破壞主任的要求及當地的寧靜。他不愧為主任，訂下個妙法。他買了把獵槍掛在他辦公室中。任何人若從窗口看到自己菜圃中有別人的雞，就可來拿槍轟牠兩發，但可得是現行犯雞。如雞死在他園裡，就是他的。這就是法令。訂下的頭幾天，槍被搶用了好多次，每一次大伙兒就下賭注，幾天後侵犯事件就消失了。

　　還有其他妙故事，譬如皮斯塔米格羅先生的狗。我到此地時，這位先生已經離職多年，但他的事跡鮮活，成為傳說。這位皮斯塔米格羅先生是位高明的領班，不再年輕的光棍，很有智慧，為人莊重。他的狗是隻漂亮的德國牧羊犬，也同樣莊重而受尊敬。

　　有年耶誕節，山谷中村裡最肥的四隻火雞失蹤了。真可惜，也許是狐狸幹的好事，事情到此為止。但第二年冬天，這次 11 到 12 月有七隻火雞消失。當地警局接到報告，但要不是有天皮斯塔米格羅醉酒時說多了話，這案子永遠也不會破。偷火雞的賊就是他和他的狗。有個星期天，他帶狗到村中亂逛，對那狗指點

那些肥美又無人看管的火雞，解釋每次做案的最佳策略，然後他們回家。到晚上他就放狗出門，狗就像狼一樣跳過籬笆，掘洞進入雞舍，靜悄悄殺了雞帶回來。看來皮斯塔米格羅先生並沒賣火雞，按最可信的版本，他把牠們送給他的眾多愛人，老的、醜的，都散居在皮埃蒙特阿爾卑斯山谷。

　　好多好多故事，據我所聞，當地五十個人，每兩人之間都有過節。排列組合算算，你可知那有多少。尤其是男人對每個女人（從老處女到有夫之婦），女人對每個男人也同樣。我只要任意選兩個名字，最好是一男一女，然後問第三者：「他們兩人，怎麼了？」哎呀我的媽，一連串美妙的故事就倒出來了。反正，每個人都知道其他人的故事。我搞不懂這些複雜私密的事，為何都很隨意傳播，尤其是對我這連自己名字都不能透露的人。但這似乎是我的命運（我絕非抱怨），我是大家都信得過來、能吐露故事的人。

　　我聽到一個遠在皮斯塔米格羅先生之前的故事，有許多版本。那時，下班後的辦公室成了罪惡之城。每晚，五點半下班鐘響後，大家都不回家，從櫃子裡把酒和蓆墊都拉了出來，一場狂歡，每人都有份。從少年的抄寫員到禿頭的會計，從主任到殘障的看門人。白天冷靜的公文往來轉換到晚上無限級別的淫亂。當時的人沒有一個留到現在，所以沒有直接見證。後來，一連串帳務的災難，逼使米蘭的董事會進行全面大肅清。每個人都被炒魷魚，除了波多拉索夫人，她一定看到、知道每件事，但因她極端內向，她不講。

　　反正，除了工作必要，波多拉索夫人和誰都不說話。她得這名字之前，叫作季娜‧德‧本內，十九歲時已是場裡打字員，愛上一個年輕的紅髮礦工。他並沒真的追求她，但還是接受她的愛。但她家人可很堅決。他們好不容易供她念書，她總得弄到個像樣的婚姻，而不是胡亂釣上任何人。女孩拒絕講道理，他們就下最後通牒：不是甩掉那紅頭，就是滾出家庭和礦場。

　　季娜願意一直等到二十一歲生日，但紅頭可不等她。某星期天他和別的女人玩去了，接著又是第三個，後來娶第四個。季娜於是做了個殘酷的決定，如她不能和她愛的人、那唯一的人結合，好，那就永遠沒有第二人。不是做修女去，她有現代觀。但她以一個狠心的方式禁止自己結婚，就是讓自己成為已婚婦人。當時，她幾乎已是個主管了，非常能幹，有鋼鐵般記憶，極受上司依賴。她讓每個人，她雙親、她上司，都知道她要嫁給場裡的傻瓜——波多拉索。

　　這波多拉索是個中年工人，壯得像驢，髒得像豬。他極可能並不是真的白痴。可能是我們皮埃蒙特人說的，那種裝傻作聾、躲避責任的人。躲在蠢蛋的煙幕之下，波多拉索是個極端無能的園丁。好了，大家宣告他無能後也只能忍受，還給他幹活過日子。

　　被雨水泡過的石綿很難萃取出來，所以場裡的雨計很重要。它置於花圃中央，主任每天親自看數據。波多拉索每天澆花，也就澆那雨計，結果數據大亂，生產大爛。主任（過了一陣子）知道了，命令他停止澆水。波多拉索想「他喜歡乾的」，每次下

雨，就去把雨計倒乾。

當我到來時，狀況已穩定下來一段時候了。季娜，現今的波多拉索夫人，差不多三十五歲。原來的美貌已變僵硬、冷漠，一種老處女的神態。每個人都知道，她仍是處女身。因為波多拉索到處講。這本是當初結婚時講好的條件，他當時也接受了。但後來，幾乎每晚他都試著上她床。但她拚了命抵抗，抵抗到今。絕對，絕對，不能再有男人碰她，尤其是他。

這每夜的戰爭是礦場最吸引人的話題。在某一溫和的夜晚，一群好事的傢伙拉我去聽大戰。我拒絕了，他們不久失望回來。他們只聽到伸縮喇叭吹奏〈小黑臉〉[2]。他們解釋有時會是如此結局：波多拉索是個有音樂細胞的蠢蛋，奏樂來洩憤。

打第一天，我就愛上我那工作，雖然在那階段只是對石頭做定量分析。溶之於氫氟酸，然後用氨水沉澱鐵，用二甲基乙二醛肟沉澱鎳，用磷酸沉澱鎂。每天都同樣重複，不是很有意思。但另一種感覺是新奇有意思的：分析的對象不再是無名配製出來的物質謎[3]，那是真的從地下炸出來的石頭，一天一天累積的數據將拼湊出地下礦脈。讀過十七年來的那些希臘動詞、伯羅奔尼撒戰爭史等學校功課之後，第一次感到學的東西有用。枯燥無趣的定量分析，變成活生生有用的東西。它成為馬賽克鑲嵌圖中的有用部分。我用的分析方法不再只是書上的教條，它每天都受檢視考驗，可以為特別目的而巧妙修改。犯錯不再是考試答錯那種有

2　英文版譯註：Faccetta Nera，一首當時流行的法西斯歌曲。
3　譯註：這是化學系訓練學生的方式。

些可笑的意外，犯錯是像爬山——競賽般嚴格的事，它讓你學會更精準。

　　實驗室中的女孩叫愛麗塔。她袖手旁觀看著我這興奮的新手。她事實上有點吃驚、惱火。但她還滿親切的。她高中畢業，會背古希臘詩人品達和莎孚的詩，是當地法西斯小官員的女兒，是個狡點、懶散的女孩，什麼都不在乎，更不要說是向中尉學來的石頭化驗技術了。她也像其他人，和好些人混過，在我面前，她也從不掩飾。因為爭風吃醋，她和許多女人打過架，和好幾個男人稍稍戀愛過，和一人大談戀愛過，但和另一個陰沉、平凡的傢伙訂婚。他在技術部門工作，是她家為她選的同鄉。這，她也不大在乎。她能怎樣？反叛？逃婚？不，她來自好人家，她的前途是兒女和廚房。莎孚和品達都是過去的事，鎳只是暫時的補白。在實驗室，她動作懶散，等著那沒什麼好期望的婚姻。馬虎洗沉澱物，秤那含鎳的沉澱。我花好多時間說服她不要假造數據，一件她承認常幹的事，反正這也沒傷到任何人，可以讓主任、中尉和我都高興呀。

　　讓中尉和我絞盡腦汁的化學到底是什麼呢？就像廚房裡的水和火，沒有什麼稀奇。只是味道較差的廚房，飄的不是家裡的香味，而是刺鼻臭味。也有圍裙、打漿機、燙了的手，和一天終了時的清洗。愛麗塔一輩子躲不了這些。她抱著義大利人懷疑一切的態度，若無其事聽著我在杜林的故事。這些故事總是刪改過的，因為她和我必須玩這隱名埋姓的遊戲。但過了些日子，總還是透露了一些。幾星期之後，我發現我不是個沒姓名的人。我是

不能當面被叫李維的李維博士，必得守這禮節以免製造問題。在這輕鬆而小道八卦盛行的礦場，我這隱名、溫和的流浪人，的確引人好奇——愛麗塔承認的。他們常常討論著，各有說法。從法西斯祕密員警到高層人士都有。

下去到山谷是不大舒適的事，對我也不大妥當。由於我不可以拜訪別人，晚上在礦場頗為無聊。有時，晚飯後我會留在實驗室讀書或思考鎳的問題，有時則把自己關在「潛艇」小房裡讀托瑪斯曼的小說。有月光的夜晚，我常沿著山路散步到礦坑頂，暗夜常被山谷下的狗吠聲劃破，礦砂場有神祕的沙沙聲，似乎真有小精靈在下面築窩。

當時，爸爸在杜林快死了，美軍大敗於菲律賓巴坦島，德軍拿下克里米亞，我感到張開的陷阱即將收網，這些漫步安慰一點苦楚的心。內心對自然產生的信心，其力量比學校教的東西更強。那些石頭、砂子是我即將失去的自由之島。

對石頭發生的脆弱而不安的戀慕，我有雙重的情結。第一次是與山卓的遠征，然後是這化學研究，試驗分離其中的寶物。從這磐石之愛與滿布石綿的孤長夜中孕育了兩篇自由詩章。一篇是有關獵鉛先驅者的冥想，另一篇是在那段時間恰好閱讀到崔斯坦島（Tristan da Cunha）以後，寫下的流動水銀之幻想。

中尉在杜林服役，只能每星期上來一次。他會檢查我的結果並建議下星期的工作，是個不錯的化學家，敏銳的研究者。短期的適應以後，我們形成了一個目標遠大的計畫。

岩石中是有鎳，但很少。我們分析出來平均只占千分之二。

比起加拿大和新喀里多尼亞的礦，鎳含量少得可笑。但也許可以濃縮它？在中尉指導下，我試了所有法子：磁分離、浮選、篩選、搖晃。都沒辦法，鎳含量還是和原來一樣。大自然太不幫忙了，我們的結論是鎳和二價的鐵，像兄弟般如影隨身分不開。鐵占百分之八，鎳是只有千分之二的小弟弟。所有要用的試劑都要加到四十倍的量，先得滿足那多量的鐵，還沒把鎂算進來呢。真不划算。

在無奈的時候，我四周的岩石——阿爾卑斯山麓的綠蛇紋石，看來就像是兇惡、頑固的恆星。比較起來，山谷剛開花的樹，施放歡欣的花粉，隨著氣候冷暖，跟著太陽默默轉動，像人一般生老病死。岩石並不能儲備能量，太古以來已熄了火，只是惡狠狠矗立在那裡；我則一城一城去攻取那精靈，那無常的紅砷鎳礦，它一會兒這裡，一會兒那裡露露它的尖耳朵，從我鋤頭下躲過，無從捉摸，讓我空手而回。

但這不是中古時代談神論靈的時候了。我們是化學家，是狩獵者，只有兩條路，成功或失敗，殺死白鯨或船沉海底，不能向難以理解的物質屈服，不能坐以待斃。我們來這兒就是要犯錯再更正，受罪得正果。我們不可感覺無能為力，自然廣漠無邊但非不可解。我們得見縫插針，找漏洞征服它。每週和中尉的討論像是戰術方案。

我們考慮過用氫氣來還原那岩石。把磨碎的石頭放在石英玻璃管中的坩堝，通之以氫氣並從外加熱，希望氫能把束縛著鎳的氧除去，還原成金屬態的鎳。金屬鎳像鐵一樣具有磁性，那麼

按方案，應該可以用小磁鐵來把鎳和鐵吸出來。但處理之後，把強磁塊放在懸液中攪了半天，只能得到一點點鐵。明顯而悲哀的事實：氫沒法把鎳和鐵還原出來。鎳仍然緊密和矽酸鹽（石頭成分）結合，不願另找去處。

但假若把那結構打散呢？有一天，偶然翻到以前礦場的化學師製作的一張圖，一個主意像燈一樣在頭上亮了。那圖顯示當石綿加熱時如何失重。石綿到一百五十度時失去一點水分，然後維持同樣重量直到八百度，在該溫度突然損失百分之十二重量。作者說：「變脆弱。」而蛇紋石是石綿的來源，如果石綿在攝氏八百度分解，那蛇紋石也應該如此。既然化學家不能沒有模型，我就在紙上畫下長鏈的矽、氧、鐵和鎂的原子排列構造，再畫一點點鎳原子夾在當中。當長鏈因分解變短之後，鎳就露出來而能加以處理了。史前人類在阿爾塔米拉穴壁上繪羚羊，希望第二天打獵好運，我似乎有類似的感覺。

這感覺沒有陶醉太久，中尉隨時會來，而我怕他不接受我這很不正統的假說。但我已全身發癢，要幹就幹，最好立刻動手。

「假說」讓人整個活了過來。已經是下午了，愛麗塔頻頻看表，一臉狐疑望著我，我則一陣旋風開始做。一會兒，設備就裝了起來，溫度計定在八百度，壓力也設定，流量計調整好。我把原料加熱了半小時，然後降溫，再通氫氣一小時。這時，天已黑，女孩走了，除了篩選組的機器哼鳴聲外，一切安靜。我覺得自己半是陰謀家，半是煉金士。

時間到了，我從石英管中拿出坩堝，在真空下冷卻，把粉

末分散在水中，它從綠變成土黃色，似乎是好兆頭。我就丟進磁鐵。每次拿出磁鐵，它就帶出一些褐色粉末。我小心用濾紙把它取出來，每次也許只有千分之一公克。分析工作要做好至少需半公克，也就是好幾小時的工作。半夜時，我決定停止這分離的工作，因不願再延遲接下來的分析。我試了一個簡化的手續。清晨三點時我得到結果，不再只是通常的少量，而是大批的沉澱。過濾、洗濯、乾燥、秤重。最後得到的東西，百分之六是鎳，其餘是鐵。一大勝利，甚至不必再分離，就可以去做鎳鐵合金了。回到「潛艇」時，天幾乎亮了，我真想立刻叫醒主任，打電話給中尉，去草地裡打個滾。腦裡轉著各種愚蠢的事，沒法冷靜。

我想的是已打開了一扇門，這把鑰匙還可能打開好多門。我發現了一個沒人想到的方法，連加拿大、新喀里多尼亞那邊也不知道。雖然敵人已近，我覺得所向無敵。最後，我認為對那些宣告我族低賤的人是項甜蜜的報復。

我沒想到可能的工業應用，生產的鎳很可能全部用在法西斯義大利和納粹德國的彈殼和戰車上。我也沒想到就在那幾個月裡，阿爾巴尼亞發現豐富的鎳礦，使我的、主任的和中尉的計畫都得停止。我也沒預見我對磁分離法的解釋並不正確——當我告訴中尉結果時，幾天後他立刻證明了我的錯誤。對大量更粗糙的粉粒，我的方法並不實用。我也沒預見，當主任與我分享幾天興奮，了解大型磁分離工作行不通後，就對計畫喊停了。

但這故事並沒全完。雖然幾年已過了，通商也自由化了，國際鎳價也下跌，那山谷下藏著的大量寶礦仍激發人們的想像力。

在那介於化學與魔術之間的界線，仍有人半夜去那礦場偷礦，試驗各種磨、煮、燒的新方法。每公噸廢石含兩公斤貴重金屬的地下寶物，使人們的好奇還沒消失。

　　我那時寫的兩篇礦物故事也沒消失。它們幾乎和我有一樣曲折的命運；曾經過轟炸和逃亡，我以為早已遺失，最近卻在幾十年前的舊文件中找到。我不願丟棄它們，接下來的篇幅中，我就要在正統化學故事中間插進這些幻夢曲。

Zn   Ce

088   週期表   K

Fe

鉛
Lead

鉛是種代表死亡的金屬。
它重，傾向墜落，
而墜落是死屍特性，
它代表天上最慢的行星，
死亡之星。

　　我叫羅德孟，來自遙遠的地方。我們家鄉是西奧達，至少自己人是這樣稱呼的，但我們鄰鄉敵人給我們取不一樣的名字──沙克散、尼梅、俄拉曼。我們家鄉和這裡不一樣，它有茂密的森林、大河、長冬、沼澤、霧和雨。我們的人民──那些說我們話的是牧羊人、獵人和戰士，他們不喜歡耕田。事實上他們蔑視農夫，把羊群趕到農夫的田裡踐踏，掠奪他們村莊，俘虜他們的女人。我既不是牧羊人亦非戰士，連獵人都算不上，雖然我這行業和打獵差不遠。與土地結合但自由自在，我不是農夫。

　　我們羅德孟家族一直幹這行，亦即熟悉一種重石，去遠方找它，按祖傳祕方加熱，從中取得黑鉛。在我家村莊附近，有位祖先曾找到一塊巨大的礦床，村民叫他藍牙羅德孟。那是鉛匠的村莊，每人都會熔煉鉛，但只有我們羅德孟家族的人知道怎麼去找真礦，而不是神撒在山上那些用來騙人的重石頭。神讓金屬礦脈在地下生長，但藏起來不讓我們知道。能找到的人是和神比高下，所以神不愛他，試著迷惑他。祂們不愛我們羅德孟家族的人，但我們不在乎。

　　五、六代以後，礦床枯竭了。有人說要挖坑進礦脈到地下深處，也真幹了，結果虧損一場。最後大家都放棄，回到老本行。但我可不，鉛沒有人見不了天日，人沒有鉛也沒法生活。這行業可發財，但也讓人短命。有人說是血進了鉛，壞了血；又有人說是神的報復。但反正短命對我們羅德孟家族的人沒關係，我們富有、受尊敬、周遊世界。事實上，我那藍牙的遠祖是特例，他找到的那塊特別豐富。通常，我們到處雲遊。據說，他自己也來自

遠方，那兒太陽很冷，從不落下，人民住在冰屋裡，海裡怪物有幾百公尺長。

所以六代以後，我再旅行，去找那石頭讓人們煉製，教他們這煉法，來換取黃金。我們羅德孟家族的人是魔法師，把鉛變成金。

還年輕時，我就獨自離家朝南走。走了四年，從一區到另一區，避開平原，登上山谷，用錘子敲地，成績一直不大好。夏天，我下田，冬天我編織或靠我帶的金子過活。我說過我是獨行的，女人得生男孩延續香火，但我們路上不帶女人。她們有什麼用？她們不學探礦，經期來時碰了它，還會讓它變成死砂。路上遇到的女人，只能一夜情的玩樂，別想明天，明天只能千山獨行。當年華漸老，髮落齒搖，肌酸骨疼，最好是自己走。

我到了一個地方，晴天可看到南方遠處連綿的山脈。春天時，我決定再走，要去那兒。我受夠了那些黏土，什麼用處都沒有，只能燒瓦壎，既乏味又沒價值。山上不一樣，地球之骨的岩石暴露在那兒，馬靴踏上發出的聲音，就可讓人分辨它不同的品質，平原不是我們的地方。我會到處問最好走的隘口在哪裡。我也問他們有沒有鉛，哪兒買的？多少錢？價錢愈好，我就更在附近找礦。有時，有人不知道鉛是什麼，我拿隨身帶的鉛塊給他們看，他們會取笑它的柔軟，笑問在我國是否用鉛製劍做犁。大多時，我聽不懂他們的話，他們也不知我說的，只能問麵包、牛奶、床、女人和第二天的路，就這麼多。

盛夏，我經過一個隧道。日正當中，但高山草地上還有殘

雪。往下一點，可看到山路、羊和牧羊人，遠處可見深谷，深到似乎還在黑夜裡。我下山找到村莊，是一個不小的溪邊村子，山上的人下來交易羊、馬、乳酪、皮毛和酒。聽他們講話，我幾乎要發笑，他們的語言很粗糙，像動物嘰哩咕嚕的，然而我很驚訝他們像我們一樣有武器、工具，有些還更精良。女人也織布，房子是石頭蓋的，雖不美但堅固。有些是木頭的，離地撐起一定高度以防老鼠，看來還是很聰明的做法。屋頂不是茅草而是扁石瓦。他們不知有啤酒。

　　我立刻注意到山谷高地的石頭有洞，還有一堆堆的碎石，是有人在此地探勘。但我一個外人不敢亂問，以免招疑。我下到水流湍急的溪邊（我記得水渾濁，帶灰白，好像混了牛奶。我們家鄉沒見過這種水），仔細檢查石頭。這是我們的秘訣之一，石頭從上游下來，懂的人可看出端倪。各種石頭都有，燧石、綠石、石灰岩、花崗岩，甚至有點我們所謂的加美達岩，這些我都沒興趣。但我認定在這樣的山谷，有白紋紅石，有那麼多鐵成分，一定有鉛岩。

　　我一會兒爬巨石，一會兒涉水，沿溪而下，眼睛盯著地面，像頭獵犬一路找。哇！在和一條小溪會合之處，我找到一塊不起眼的石頭，一塊帶黑點的灰白石頭，遂像頭獵犬立刻靜止不動。我拾起來，感到沉重。它旁邊還有一顆小一點但一樣的石頭。我們很少犯錯，但為了確認，我敲碎一個，取一小片帶回試驗。一個認真的探礦者，不想自欺欺人，就不能只從外觀判斷。因為石頭雖是死的，可也會騙人。它會像一些變色蛇般改變顏

色，甚至就在敲它的時候。所以一位好的探勘者會帶很多工具，坩堝、炭、火種，還有其他我不便講的祕密工具。我用它們來試驗石頭的真偽。

當晚，我在隱蔽處搭了一個小爐，架上坩堝，把樣品加熱半小時，然後冷卻。我打碎它就看到了——可用指甲刮的小亮塊，那可讓你忘卻疲乏、心生狂喜的所謂「小王子」。

此時，工作才剛要開始。你必須溯溪而上，在每一岐點，判斷好石頭是往左或往右。我沿著主溪往上走了很久，石頭一直有，但愈來愈稀少，然後山谷變成峽谷，極為深陡，沒法爬上去。我問牧羊人方向。他們用手勢、口語，讓我了解沒路上去，但如回到山谷，你會找到一條這樣寬的小路，可到一個當地人叫「欽哥」的隘口，然後可下去直接到峽谷，到達一個有哞哞叫的有角野獸正在吃草（我想）的地方。我就走去，很容易就找到小路及欽哥，從那兒下到一處美麗的地方。

從峽谷往正前方望，我看到綠松滿布的山谷，遠方有盛夏覆雪的高山，眼前則是一片草原和羊群。我很累，往前走遇上牧羊人。他們看來疑心，但他們知道（太知道了）金子的價值，便收容我幾天，也沒煩我。我趁機學點他們的話——他們喊山做「本」，草原叫「查」，夏雪叫「羅沙」，羊叫「菲」，房子叫「貝」。房子是用石頭作底，上面是木造，底下養畜牲，上面住人和儲物。他們話少，脾氣壞，但沒武器，對我也還好。

停留時，我又開始探勘，還是沿溪找。我溜到一個和綠松谷平行的荒谷，沒人、沒草、沒森林。溪裡的好石頭很多，我覺得

快找到了。我睡在野外三天，事實上幾乎沒睡，心中急切，夜裡觀星等著天快點亮。

礦床相當偏遠，在一個深山溝裡。在草堆中到處可看到一些突出的白石，你只要往下挖不到一公尺就可找到黑岩，是我從沒見過的好石頭，以前只聽父親講過。沒什麼岩渣的大塊礦床，足夠一百人採上一百年。奇怪的是一定有人曾來過，在一塊巨石（一定是故意放的）後面可看到隧道入口。隧道一定很古老了，因裡面懸有指頭長的鐘乳石。地上有爛木板和一些碎骨頭，其餘一定是狐狸咬走了——的確是有狐狸或狼的腳爪印。地面半突出的一顆顱骨是人類的。這很難解，但從前已不止一次發生：有人不知來自何方，在何時找到礦脈，沒跟別人說，想獨自挖出石頭，結果死在這兒，幾世紀也沒人知道。父親曾說，只要有地道，就有朽骨。

長話短說，礦床找到了，我做了試驗，在野地裡盡力造了一個好爐子，找了木柴，盡我所能熔了足夠鉛下山去，我沒和草原上的任何人說。我繼續往下，經過欽哥來到山谷另一邊叫賽斯的大村莊。遇上市集日，我拿出鉛塊展示。有人停下來看，摸摸並問些問題。我只能半懂，但知道他們問的是有啥用，要多少錢，從哪裡來。然後，有一個戴摺絨帽的精明傢伙過來，我們能聽懂彼此。我當場示範可用錘子敲扁它，做鉛板。然後，我解釋鉛板捲好，焊上可做鉛管。我說你們村子用來接水的木管會腐爛，又解釋銅管很難製，若用來接飲水會引起肚疼，而鉛管容易接，永遠不會壞。我也板起臉來瞎說，鉛板可做棺材內襯，裡面可保持

乾燥不長蟲，靈魂不散。用鉛可為死人鑄像，比青銅看起來更沉穩莊重，適合祭典。看他很有興趣，我解釋除了外觀，鉛是種代表死亡的金屬，因為它象徵死亡。它重，傾向墜落，而墜落是死屍特性，它顏色是死色，它代表天上最慢的行星，死亡之星。我也告訴他，我認為鉛和其他材料都不一樣，它摸來覺得疲軟，也許變化得累了不想再變，是千年以前火烤餘燼的結果。這不是編來好做生意的，我真的相信。那人叫波維爾，張著口認真聽，然後說他相信，那行星他們叫土星，以鐮刀圖象徵它。他還在思索我這些吹噓賣弄時，我開價十三公斤半的金子，包括交出礦床所在、煉鉛技術和它的用途。他還價為一些不知哪兒來的熊像銅幣，但我做勢朝它們吐口水：別囉唆，就只能金子。但，對一個長途跋涉的人，十三公斤半實在太重了，大家都知道，我倆心知肚明。所以我們以九公斤成交。他堅持要我陪他到礦床，這當然。回到山谷後，他給了金子，我檢查，都是真金實重。我們開酒慶祝。

那也是告別之飲。並非不喜歡那地方，但很多原因讓我繼續旅程。第一，我要去那生長著橄欖、檸檬的溫暖城鄉。第二，我要看海去，不是那祖先原鄉的怒濤之海，而是產鹽的平靜之海。第三，背著大袋金子到處跑不是辦法，總是擔心被偷遭搶。第四，總之，我要把金子花在海洋之旅，要去認識海和水手，水手也需要鉛啊。

我就走了，步行兩個月，下了一個寬而陰鬱的山谷直達平原。有草原、麥田和燒柴的強烈煙味，使我思念家鄉的秋天，同

樣有枯葉的氣味、休憩的大地、燃燒的枯枝，亦即那些「結束」的東西，讓你思及「永恆」。我來到兩河交匯的一座城堡，在家鄉從沒見過這麼大的建築。熱鬧的市集有肉、酒、奴隸和骯髒、邋遢的女人。那兒像家鄉一樣下雪，我在溫暖的酒店過冬。3月我離開，走了一個月後到達海邊。海面灰而不藍，怒濤拍岸，吼聲如野牛。想到它自太初以來就沒停過，我幾乎失掉勇氣。但我繼續沿著海灘往東走，海深深吸引我。

我遇到另一城市，金子快花完了，我就留在那兒。有漁夫和一些從遠方各地來的陌生人。他們白天做買賣，晚上爭風吃醋為女人打架，在暗巷裡拿刀互捅。我也買了把有皮鞘的銅刀，紮在腰際衣服內。他們有玻璃但沒玻璃鏡，他們只有小銅鏡，那種容易有刮痕，會歪曲顏色的便宜東西。如果你有鉛，用來做玻璃鏡就不難，但我小題大做賣弄這個祕密。我告訴他們只有我們羅德孟家族的人知道這項技藝，是費麗加女神教我們的，還說了其他一些哄他們的謊話。

我需要錢，便到處看看，在港邊遇到一位似乎精明的玻璃工，和他做了個交易。

我從他那兒學了幾樣東西——首先，玻璃可以吹，我很喜歡那技術，我讓他教了我，有天我得試試吹鉛和銅（但它們太液態了，我懷疑能否成功）。我則教他在一塊熱玻璃板上倒熔鉛，可得鏡子，不大但是可用多年仍光亮的好鏡子。他技術不錯，知道做彩色玻璃的祕法，做出來的彩斑玻璃板很美。我很高興和他合作，還發明一個做哈哈鏡的方法：吹出圓頂的玻璃，然後在裡或

外布上鉛，若你對著它照，你自己就變得很小或很大或扭曲。女人不喜歡它，但孩子們可爭著要。整個夏天和秋天，我們賣鏡子給商旅，他們出好價錢。但同時我也和他們聊，試著蒐集他們所知道遠方的資料。

　　我很驚訝發現這些半生在海上的人，對距離和方位的觀念都很模糊。但有一點大家都同意：往南航行，有人說一千公里，有人說是十倍遠，你會到一個地方，太陽炙熱，樹木動物都奇異，住著兇猛的黑人。但也有很多人說，半途中有個叫依奴沙的大島，是盛產金屬之島。對這島，他們也說些奇譚。島上住著巨人，但牛、馬、兔、雞都很小，女人發號施令打仗，男人養畜牲、紡織。巨人吃人，尤其是外地人。那是個亂交之邦，男人換妻，動物也胡搞亂交，狐狸配上貓，熊配上牛。女人孕期只有三天，生了孩子馬上叫嬰兒：「快去拿剪刀，開燈，好讓我剪你的臍帶。」還有人說，沿著海邊有石造的城堡，巨大如山。那島上每樣東西都是石頭做的——矛尖、車輪，甚至女人的梳子和針都是石製的。菜鍋也是，他們還有一種會燃燒的石頭，把那石頭放在鍋下燒就可煮菜。在十字路口，有化石猛獸看路，滿嚇人的。我板著臉聽這些故事，但肚子裡快笑破了，因至此我已見過足夠的世面，知道所有人、物都和家鄉差不多。但是，當我返鄉時，也泡製一些他鄉奇譚來自娛。果然，他們也說一些我老家的奇怪故事。譬如，我們的水牛沒膝蓋，晚上就靠著樹睡，要宰牠只要去鋸樹，牠身子壓倒樹後就再也爬不起來。

　　關於金屬，他們意見倒一致：很多商人和船長都把礦石或金

屬從島上運到大陸，但他們是粗人，沒法從他們的說話弄清是什麼金屬，而且大家說的語言也不一樣，沒人講我家鄉的話，連用詞都弄不清。譬如，當他們說「卡力布」，實在弄不清是指鐵、銀或銅。又有人用「賽達」同時指冰和鐵。他們極為無知，堅稱高山的冰，歷經歲月壓力會變成石頭，最後成了含鐵的岩石。

直截了當說吧，我受夠了這些三姑六婆式的胡扯，我想直接去依奴沙看看。我把我的股份讓給了玻璃工，換了錢，加上賣鏡子的錢，買了貨船票。但冬天不能走，風向不對，得等到 4 月。在那之前，我只能喝酒、賭骰子，或想點法子把港邊女人的肚子搞大。

我們 4 月開航。船上載滿酒。除了船主，有水手長，四個水手，和二十個鏈在坐板上的槳夫。水手長來自克里提，是個大騙子。他說了一個大耳國的故事，他們的耳朵大到冬天人包在耳內睡覺，還有一種叫阿爾非的動物，尾巴在前面，能懂人話。

我得承認我不習慣船上生活，腳下船身晃動，忽左忽右，吃睡都難，空間窄狹，人擠人。還有那些槳夫惡狠狠瞪著你，讓你想到要不是那鍊索，他們會把你撕成碎片，船主說這有時真的會發生。但風向好的時候，帆張滿，槳夫收起槳，船在海面靜靜滑過，你可看到躍出水面的海豚，水手聲稱可以從海豚鼻嘴的表情預測明天的氣候。船身都塗滿了松脂，但整個龍骨到處是洞。它們是船蟲吃的。在港口，我也看到停泊的船都是洞。身兼船長的船主說沒法子。船老舊後就拆了拿來燒；但我有個主意，對錨也是。用鐵做錨真蠢，反正會生鏽，捱不過兩年。那漁網呢？當

風平浪靜時，水手會捕魚，漁網用木製浮標和石頭做的錘子。石頭！如用鉛可以小四倍。當然，我一聲不吭，但已在夢想我去依奴沙挖出的鉛；熊還沒出現影子，我卻已在賣熊皮了。

　　海上航行十一天後，我們望到島了。我們划進一小港，四周是花崗壁和刻壁奴工。他們既不是巨人，也不睡在自己耳朵裡，長得和我們一樣，和水手也能通話，但守衛不准他們說話。這是個岩和風之島，我一眼就喜歡。空氣中有藥草的野味，人們看起來簡樸強壯。

　　金屬礦有兩天路程之遙，我雇了隻小驢──真的很小（但不是他們在大陸所說的像貓）和驢夫，驢雖小但強壯。總之，所有傳言底下都有幾分真，也許就像謎語，是藏在字面下的真實。譬如，海邊石頭城堡的故事頗真，但沒大得像山，不過也的確堅固，建得方方正正。說來也奇怪，每人都說「它們一直都在那裡」，但沒人說得上是誰建的，怎麼建的，何時建的。吃外人的故事則是個大謊言。既不為難，也不故弄玄虛，他們分段帶我到礦場，好像這島屬於大眾。

　　金屬礦之豐盈足以讓你醉倒，就像獵犬進到滿是獵物的森林，在野味之間跳來奔去，樂得半狂發抖。

　　靠海邊有一列山脈，高處則成峭壁。由近而遠到天邊，可看到由鑄爐升起的濃煙，有工人或奴隸在工作。那可燃石頭的故事也是真的，我幾乎不敢相信自己的眼睛。它不易點著，但熱量頗大，可燒很久。不知道是從哪裡用驢子載來的──它油黑、易碎、不重。

　　所以如我所說，這兒有蘊藏不知名金屬的奇石，表面呈白色、紫色和藍色的斑紋：這地下一定有豐富礦脈。我大可專心在此探勘、挖掘、試驗，但我是個羅德孟，我屬於鉛。

　　在島西邊，我在一處沒人找過的地方發現一個礦床。事實上，地表看不出探勘過的痕跡，和其他地方也沒有不同，更別說礦坑、隧道和礦渣。但就在下面，鉛在那兒。我常想我們探礦人以為自己是用眼睛、經驗和技術找到金屬，但真正引導我們的是一種更奧祕，類似鮭魚返鄉、燕子回巢的本能。也許像水脈占卜者，不自知是什麼在引導他，但的確有某種力量引導著，轉動他手上的魔杖。

　　說不上什麼理由，但我感到就在腳下，那灰濁、毒重的鉛，沿著溪邊野蜂林延伸三公里。我趕快雇了奴工幫我挖掘，賺了足夠的錢後，我也買了個女人。不是為了玩，我仔細選她，不為了美貌，而是要健康、年輕、快樂、屁股大。我這麼選，是她可為我生個羅德孟，讓我們的家傳絕活不會斷絕。我手、膝已開始會抖，牙齒也動搖，逐漸像海上來的祖先變藍了。這小羅德孟在年底來冬要誕生，生在這個有柳樹、生產食鹽、夜裡野狗向熊跡咆哮的島上。在野蜂溪邊我立了個村莊，我想為它用快忘了的家鄉話取個名字——*Bak der Binnen*，意指「蜂溪」，但人們只部分接受。用他們的話，也就是我現在的話說，它成了 *Bacu Abis*。

汞
Mercury

圓頂有條縫，

縫中滴下液體，

但不是水，

是亮晶晶、重重的液體，

滴到地面就散成成千小珠滾走。

如你聽聽，

千萬金屬滴敲打出宏亮的聲音。

我，亞伯拉罕下士和妻子瑪姬已住在這島上十四年了。我原是來這兒做駐衛軍的。附近有一小島（我是指最近的那個島，離此東北方一千九百公里以上，叫聖赫勒拿島），放逐著一位危險的重要人物，他的支持者也許會助他脫亡到這兒，但我從沒相信這傳說。我的島叫孤獨島，這名字再貼切不過，所以我實在不懂要人來這兒幹什麼。

傳言他是個叛徒、通姦犯、天主佬、煽動家和吹牛者。只要他活著，就得守著。還有另外十二個兵士，都是從威爾士和薩里郡來的年輕快活小伙子，他們也是好農夫，幫我們工作。然後那煽動家死了，來了兵艦帶我們全部回去，但瑪姬和我想到尚有舊

債纏身，寧願留在這兒養豬。我畫了張地圖，好瞧清我們住的這座島。

這是世界上最孤獨的島，不止一次被葡萄牙人、荷蘭人發現過，甚至更早以前還有來此的野蠻人，在斯諾登山岩上刻了符號和偶像。但從沒人留下，因它半年下雨，土地只適合種高粱和馬鈴薯。但不挑剔的人也餓不死，島北岸一年中五個月有海獅，南邊兩個小島有很多海鷗窩。你只要划船過去，可以找到要不完的蛋，吃起來有魚味，富有營養，也能止飢。這裡的東西都有魚味，甚至連馬鈴薯和吃馬鈴薯的豬都一樣。

斯諾登山東麓生長著冬青櫟和一些無名樹，秋天開淡藍花，帶著點人體臭味，冬天就結又硬又酸的果子，不能吃。是種怪樹，從根部吸收水分後從枝端灑出來，即使乾旱的日子，樹四周也是潮的。枝端落下的水好喝，可消炎，雖然味道像苔，我們用管線接下來。這林子是島上唯一的森林，我們叫哭林。

我們住在亞伯達。這不是個村子，只有四座木屋，其中兩座倒塌了。但有一個威爾斯人一定要這樣叫，因他來自亞伯達。鴨嘴岬是島的最北點，士兵柯克蘭害思鄉病，常去那兒，在鹽霧中待一天，因那兒靠近英格蘭（他也在那兒建個烽火臺，但沒人去點過）。它從東邊看去像鴨嘴，因此得名。

海豹島是個平坦沙丘島，海豹冬天在此產小海豹。魔井窟是妻子取的名，我不懂她看出什麼。有一陣子只有我倆時，雖然那兒離亞伯達有超過三公里長的路，她幾乎每晚帶著火炬去。她在那兒坐著編衣服，不知在等什麼。我問她幾次，她含糊回答，

說她聽到聲音、看到影子。在那兒連海浪也聽不到,她覺得安全點,也較不孤單。但我恐怕瑪姬有點偶像崇拜。窟中有人獸石頭像。深處有一塊石頭像長角的頭骨。當然,這些都不是人造的,那誰造的?我寧願避遠一點。又因為窟中常聽到隆隆響聲,像是地球鬧肚疼,而地下發熱,地縫會冒出帶硫磺味的蒸氣,我會叫那地窟別的名字,但瑪姬說她聽到的聲音有一天會宣告我們,還有小島和全部人的命運。

瑪姬和我住了多年,每年復活節時,波頓的捕鯨船會來供應補給和消息,也運走少量我們產的燻肉。然後來了大變化。三年前,波頓送來兩個荷蘭人。威廉幾乎還是個小孩,害羞,有金髮和粉紅色皮膚,在額上長個銀白傷口,像是麻瘋病,沒有船肯收留他。亨德力克年紀大些,瘦瘦的,頭髮灰白,皺著眉頭。他模模糊糊說他和人打架,砸了舵手的頭,荷蘭的吊刑台等著他。但他談吐不像水手,手也像紳士,不像是砸人頭的手。幾個月後的一天早上,我們看到蛋島冒起煙來,我划船過去看,找到兩個遇船難的義大利人:亞馬菲的格丹諾及諾里的安德烈。船身裂在犁頭岩上,他們游上岸,不知道大島中有住人,他們燒柴是為烘乾身體。我告訴他們幾月後波頓會經過,可帶他們回歐洲,但他們驚恐回絕。經過那夜以後,他們再也不願上船,我得大費口舌才能勸他們上小船橫過幾百公尺海水去大島。就他們而言,他們寧願留在那荒涼的岩石上吃鳥蛋到死。

孤獨島並不缺空間。我讓四人住在威爾斯人留下的空屋,

地方夠大，而且他們也沒什麼行李。只有亨德力克有個木箱，鎖了起來。威廉的傷口根本不是麻瘋，瑪姬用她特製的藥草，花了幾星期治好了他。她用的不是西洋菜，而是長在林邊的漿草，很好吃，雖然吃後會做怪夢，但我們還是叫它西洋菜。老實說，她不止是幫他敷藥，還關在他房裡為他唱催眠曲，而且似乎待在裡面太久了些。我很高興不久威廉病就好了，但接著是亨德力克讓我傷腦筋。他和瑪姬常一起散步，我聽到他們在談什麼七鑰匙、赫姆神、陰陽合一，以及一些神祕難懂的東西。亨德力克搭了一個沒窗的堅固小屋，把箱子搬去，成天待在裡面，有時候瑪姬也去，你可看到煙囪冒煙。他們也會去洞窟，帶回彩石，亨德力克叫「辰砂」。

　　兩個義大利人我比較不怕。他們也貪婪看著瑪姬，但他們不懂英文，沒法和她談話。而且，兩人互相嫉妒，彼此監督。安德烈非常虔誠，短時間島上就布滿木或泥做的聖像。他曾送聖母像給瑪姬，她倒不知如何處置，把它放在廚房一角。總之，誰都看出這四人需要四個女人。一天我把他們召集起來，也不多廢話，就直接告訴他們，誰要敢碰瑪姬就會下地獄，因為人不可貪婪他人之妻，即使自己會完蛋，我會親自送他們下地獄。當波頓再來送貨時，我們全都鄭重托他找四個女人來，但他當場嘲笑我們。想得可真妙！去哪裡找女人願和海豹為伍，嫁四個無用蟲，住在這荒島？也許我們用買的，用什麼買？當然不是用那半豬肉半海豹肉的香腸，那比他的捕鯨船還腥臭。他馬上升起帆走了。

　　當晚，在夜幕將垂時，我們聽到隆隆雷聲，好像島要搖裂。

幾分鐘就天色昏暗，烏雲密布，烏雲下方好像被火光照亮。斯諾登山頂冒出紅光照亮天空，然後流出紅色熔岩，不是流向我們，而是向左邊的南方流，從山脊湧到山脊，嘶嘶作響，一小時後到達海邊，激起大片蒸氣。沒人想到斯諾登山是座火山，但它的錐狀山頂，中間還有六十公尺深的大圓洞，早應讓我們想到。

那奇觀持續了整夜，有時安靜，有時再度爆炸，好像沒完沒了。天快亮時，東方一陣暖風，天放晴了，巨響慢慢平息，成低語，最後安靜了。熔岩最初是亮黃的，逐漸變暗紅，最後熄滅。

我很擔心豬。我告訴瑪姬她該去睡，然後要求四個男人隨我出去，我要看看島變成什麼樣子。

豬沒事，但像兄弟般奔向我們（我無法忍受說豬壞話的人，牠們很懂事，每次宰豬，我都痛苦）。在東北麓開了兩個大地縫，深不見底。哭林的西南邊被埋了，有六十公尺寬的一片地著了火燒乾了，地一定比天還熱，因火由樹幹燒到根，都挖了出來。熔岩結膜後，上面布滿破泡，泡邊很銳，像碎玻璃，整大塊看來像乳酪，它從火山口南邊流出，南緣塌了，而北緣是最高點，現在看來更高了。

探視魔井窟時，我們嚇呆了。全都換了樣子，像重新洗了牌。從前寬處現在變窄，矮的變高，有一處洞頂垮了，原來下垂的鐘乳石變橫的，像鳥嘴。在後面原來鬼頭的地方變個大洞，像教堂圓頂，仍然煙霧瀰漫，吱吱作響，安德烈和格丹諾急著要回頭。我派他們去找瑪姬來看她的洞窟，如我所料，瑪姬上氣不接下氣的跑來，兩個義大利人留在洞外祈禱念咒。瑪姬像獵狗到處

跑，好像她曾聽過的聲音又來叫她了。突然她尖叫一聲，大家毛
髮都豎立起來，圓頂有條縫，縫中滴下液體，但不是水，是亮晶
晶、重重的液體，滴到地面就散成成千小珠滾走。低處已積了一
潭，我們了解那是水銀。亨德力克和我伸手去碰，它很涼，小波
浪起伏，像是活的。

亨德力克像著了魔。他和瑪姬互瞄一眼，不知有什麼含義，
嘴裡說著含混不清的東西，但她好像懂。他說什麼要開始大業，
地和天都凝液滴，洞窟裡有精靈。然後他公然向瑪姬說：「今晚
來這裡，我們來做雙背獸。」他從頸上拿下銅十字架鍊讓我們
看，架上有條蛇，他把十字架丟到水銀裡，它浮了起來。

如你四周看看，壁縫到處流出水銀，就像啤酒從桶子漏出。
如你聽聽，千萬金屬滴敲打出宏亮的聲音。

老實說，我從沒喜歡過亨德力克，四人中我最討厭他。這
時，他讓我害怕、發麻、噁心。他目中露出兇光，像是水銀之
光，他自己好像也變成汞了，汞在他血中流，從他眼中發亮。他
拉著瑪姬像松鼠亂竄，將手浸入水銀中，把水銀撒在身上，倒在
頭上，好像飢渴人遇到水一樣，再進一步他就會喝水銀了。瑪姬
跟著他著魔。我站了一會兒，然後亮出小刀，抓著他胸膛，推他
到牆壁。我比他壯很多，他像止風的帆軟了下來。我要知道他是
什麼人，他要什麼，雙背獸又是什麼。

他像大夢初醒，立刻說了。他承認殺舵手的故事是假的，但
荷蘭的吊刑台不假。他向政府宣稱能把砂變黃金，拿了十萬盾銀
幣，只花一點在實驗，其他都花天酒地。然後，他得當著裁判面

前表演關鍵實驗，但半公噸砂裡，他只能得兩小片金子，所以他從窗子跳出，躲在女友家，然後偷溜上第一艘船。在他箱子裡有煉金道具。至於雙背獸，他說不是三言兩語能解釋的。他們的工作裡水銀不可缺，因它是精氣所凝，也就是說，它這陰素與硫的陽素結合可得「哲人蛋」，也就是「雙背獸」，因其中綜合了雌、雄兩性。真奇妙的故事，真正的煉金術語言，我可一點都不信。他和瑪姬兩人，就是雙背獸，他灰而多毛，她白而光滑。在洞裡，天知道他們幹什麼，也許就在我養豬時上我們的床。若他們還沒幹，現在醉心於汞，也就快要幹了。

　　也許水銀也在我血管裡奔騰！這時我氣瘋了。結婚二十年了，也許不再那麼在意瑪姬，但此刻我嫉火中燒，可為她殺人。但我控制住自己，事實上我還把亨德力克按在壁上時，就有了個主意。我問他水銀值多少，他幹這行的應該知道。

　　他輕聲答道：「一磅值十二基尼。」

　　「發誓！」

　　「我發誓。」他回道。他豎起兩拇指，從之間吐口水，也許這是他們術士起誓的法子。但我刀子離他喉嚨如此近，他說的應該是實話。我放開他，他還怕得要死，向我解釋這種粗汞不大值錢，但可以蒸餾來純化，像蒸威士忌一樣。若我饒他一命，他肯為我做。我什麼也沒答應，只是告訴他要用水銀買四個妻子。造泥鍋、泥瓶一定比從砂中提煉金子容易，快去幹。復活節快來，波頓也就要到了，到時我要四十瓶純水銀，每瓶都一樣，都蓋好蓋子，得看順眼。其他三人可幫他忙，我也會幫。不必煩心

烤泥瓶的事：已經有安德烈烤聖像的爐子。

　　我學會如何蒸餾，十天內瓶子也做好了，每瓶是一品脫，但一品脫汞重約八公斤，重得很難提起來，搖晃時覺得裡面有動物。至於採粗汞，沒問題，人在洞裡是泡在水銀中，滴在頭上、肩上，回家在靴子、口袋，甚至床上都有汞。大家都很興奮，覺得用它換女人很自然。它真是個奇怪的物質，冷而不易捉摸，動來動去，靜止時比最好的鏡子照得還清楚。若在碗裡攪，可以轉上半小時。不但亨德力克的銅十字架浮在它上面，石頭，甚至鉛也浮。金可不，瑪姬試她的金戒指，立刻就沉了，當再把它撈出來，變成錫了[1]。簡單講，這不是我喜歡的物質。我想盡快成交送走。

　　復活節時，波頓來了。他帶走四十瓶小心用蠟泥封好的汞，走時沒任何承諾。秋末一個晚上，我們望到雨中他的船來了，逐漸變大，然後消失在暗夜霧中。我們以為他在等天亮好靠岸，一如從前。但天亮後，波頓和船都沒蹤影。而在海灘上，又濕又冷的站著四個女人和兩個小孩，因冷和害羞全擠在一堆。其中之一默默交出波頓的信。潦草數行——說為四個不知名的人找四個女人到荒島，他只得支出所有的水銀，沒剩下作經手的佣金，下次來時還要百分之十，用醃豬肉和汞抵算。她們不是上等的，但也沒法找到更好的了。他快速靠岸放人，以避免看到大打出手的場面，也因他既非媒人也非老鴇，更不是福證婚禮的牧師。但他建

1　譯注：指外觀如錫。

議我們盡可能舉行正式婚禮，就為我們心靈的健康吧。

我叫來四個男人，本想建議抽籤，但立刻看出不必要。有個中年混血胖女人，額上有刀疤，她緊瞪著威廉，威廉也好奇看著她，這女人可以當他媽。我問：「你要娶她嗎？拿去！」——他要了她，我盡我可能福證婚禮。我問她是否願意，問他是否要她，但我沒法記清那句「無論貧富，在病痛或健康時」，只好當場編造，變成了「至死方渝」，我覺得聽來還不錯。當我快要完成第一對福證時，我已看到格丹諾看上一年輕獨眼女孩，或者是她看上了他，他們便手攙手在雨中奔走了，我還得跟在後面跑，邊跑邊宣告婚禮誓詞。留下的兩個，安德烈要了個約三十歲的黑女人，她美麗甚且高雅，頭戴的鴕鳥羽飾帽都濕答答的，但態度有些輕浮。我雖剛才跑得上氣不接下氣，但還是證了他們的婚。

亨德力克只剩下一個瘦小女人，那兩個小孩的媽。她有雙灰眼，好像整個場面不關她事，她只是旁觀欣賞。她不看亨德力克而只望著我。亨德力克則望著瑪姬，而瑪姬才剛從屋裡鑽出來，還戴著髮捲。她也望著亨德力克。然後，我突然了解到，兩個小孩可幫我看豬；瑪姬不可能給我生小孩了。而亨德力克和瑪姬在一起會過得很好，他們搞蒸餾，弄他們的雙背獸。而灰眼女人也不令我討厭，雖然比我小很多，但倒讓我心飄飄然，想起蝴蝶飛舞追逐。所以，我就問了她名字，然後我在證人之前問我自己：「你，丹尼爾·K·亞伯拉罕，願意娶在場的瑞貝嘉·約翰生為妻嗎？」我自己回答說：「是。」女的也同意，我們就結婚了。

磷
Phosphorus

喬麗亞奔向我避難，

我感到她溫暖的身體貼著我，

新奇而昏眩，

卻是夢中熟悉的，

但我沒回擁。如我做了，

也許她和我的命運就脫軌，

奔向不可預測的共同命運。

1942 年 6 月，我坦白和中尉及主任說了。我明白我不再有用，他們也同意並建議我，去那些猶太人還可以進去的行業找找工作。

正覺得茫然時，一天早晨來了件不尋常的事：有通電話找我。另一端是粗魯有力的米蘭腔，自稱是馬丁尼博士，約我下星期天在杜林的「Hotel Suisse」（瑞士飯店）見面，什麼細節也沒提。但他說的是「Hotel Suisse」，而不是一位愛國公民應該說的「Albergo Svizzera」。在史塔拉西[1]當權時，人們都注意用語，耳朵特別尖。

飯店休息室（哦，對不起，義大利人該說大廳）有豪華的裝潢、紫窗簾等等。馬丁尼博士正等著我。剛才我從門房那兒知道，他還算是個爵士。他年約六十，中等身材，壯碩，黝黑的皮膚，頭幾乎禿了。他臉上皺紋深刻，眼小而銳利，薄嘴像是有點輕蔑斜向一邊。從第一句話，可以看出這位爵士是個認真、公事公辦的人。這奇特的「亞利安」式一本正經對待法，像我這種猶太人是不意外的。不管是本能，還是算計，對一位猶太佬，在這「種族優先」的年代，你可以加以禮遇，甚至可以幫助他，或是可以（小心的）吹噓幫助過他。但可別和他有私人關係或深交，以免惹上麻煩。

爵士只問了幾個問題，對我的很多問題都避開了，但對兩個重要問題倒是直截了當：薪水之高，是我根本沒敢要的數字，

---

1 原注：Achille Starace，擔任多年法西斯黨的祕書長，他推行「純化」義大利文化活動，包括打擊外來語，如hotel這種字，做法愚蠢之至。

直讓我目瞪口呆；他經營的是一家瑞士公司，事實上他是瑞士人（他把 Swiss 唸成 Sviss），所以我的應聘是沒問題的。他那濃厚米蘭腔的瑞士味道，有點怪和好笑。但他的拘謹是有道理的。

他的工廠在米蘭郊區，我得搬去米蘭。工廠生產荷爾蒙精，而我得處理一個很特定的問題，就是研究一種治糖尿病的口服劑。我了解糖尿病嗎？不多，但我說外祖父死於糖尿病。也有幾個叔叔，通心粉吃太多，年老時出現糖尿病的病徵。聽到這，爵士瞇起眼開始注意起來。後來，我便了解，既然糖尿病是遺傳的，他倒是樂意找個還算是人類的糖尿病患者來試驗他的主意。他告訴我，薪水會加得很快，實驗室寬廣、設備好、現代化，工廠圖書室有一萬本書。最後，像魔術師從帽子拉出兔子，他說也許我不知道（我是不知道），在實驗室中已有一個我熟悉的人在研究同樣的問題。是我一個同學，喬麗亞・文耐斯，她跟他提到了我。我應該仔細考慮，兩星期後和他在瑞士飯店見。

第二天，我就辭掉礦場的工作搬去米蘭，只帶了少數幾樣必要的東西：腳踏車、拉伯雷的文集、《白鯨記》、另外幾本書、鶴嘴鋤、登山索、計算尺和笛子。

爵士的實驗室比他說的還好。和我那礦場實驗室比，像是皇宮。到達時，他已為我預備了實驗、抽煙櫃、書桌、裝滿玻璃器皿的櫥子，以及一種讓人不自在的安靜與秩序井然。「我的」玻璃器皿上都點上藍記號，以便認清，也便於「打破要賠」。這只是我到差時爵士傳達下的很多規矩之一。「瑞士精準」是這實驗室及整個工廠的精神。但對我，則像近乎虐待的障礙。

爵士跟我說，工廠的工作，尤其是我負責的問題，一定要小心工業間諜，不可外洩。這些間諜，可能是外人，也可能是工廠裡的職工，雖然他用人已是夠小心了。所以，我不得向任何人提起我的工作，尤其不可向同事提起。因此，每個職員都有他特定的上、下班時間以配合電車時間。A 是 8 點上班，B 是 8 點 04 分，C 是 8 點 08 分，依此類推，下班也是如此。於是沒有任何兩個同事搭同一班電車。至於遲到、早退則要重罰。

每天下班前，即使天塌下來，玻璃設備都得拆下、洗淨、收好。如此，任何下班後進實驗室的人都無法猜出什麼。每天傍晚，報告要用密封親自交給他，或交給他的祕書：羅瑞丹娜小姐。

午飯隨我高興去吃，他並不想中午也關人。但他告訴我（此時，嘴扭得更薄了）附近沒好飯館，勸我在實驗室中自理，如果我從家裡帶菜、肉來，可以幫我找個廚子代我燒。

至於圖書室的規矩，則嚴厲無比。書絕不能借出，只能在館員巴里塔小姐准許下閱讀。劃線或做記號是重罪：還書時，巴里塔要一頁一頁檢查，若她找到一個記號，該書就銷毀，犯者要賠。連書中夾書籤或折角都禁止。「某人」也許會因此而發現公司的祕密。在這制度下，鑰匙最重要：晚上，每樣東西，包括天平，都要鎖起來，鑰匙交給守衛。而爵士有把萬能鑰匙，可開所有的鎖。

這一大堆規矩和禁令準會把我搞慘了，要不是第二天就看到喬麗亞。她安詳坐在實驗台邊，並沒幹活，而是在縫補襪子，似

乎在等我。她做個鬼臉，親切迎接我。

　　大學四年，我們同班，實驗課都一道上，姻緣機會很多，卻從未深交。喬麗亞暗色皮膚，個子小而矯健。她眉毛長得漂亮，臉龐輪廓清秀，動作俐落。她對實務比理論有興趣，待人親切、慷慨而幽默，是天主教徒而不僵硬，講話懶洋洋像活得不耐煩，其實完全不是。她已在這兒做了快一年。是的，就是她向爵士提到我。她隱約知道我在礦場的處境朝不保夕，認為我很適合這項研究工作，而且說穿了，她在這兒很孤單。但我可別會錯意，她已訂婚了，熱烈訂婚了，她以後會詳述她那複雜的愛情。我自己呢？沒有？沒有女孩？可憐，她會幫我想辦法，別擔心種族法令，反正是些無聊的東西，管它們幹什麼。

　　她建議我別把爵士的那些奇怪主意當真。喬麗亞是那種不必問什麼，就能把所有人底細搞清楚的人。我可全沒這種本領，於是她就成為我的一級導遊兼翻譯。只第一次，她就告訴我工廠中各人事要角和機關祕密。爵士是這兒的大老闆，雖然在巴塞爾還有其他幕後的老闆。但實際下命令的是羅瑞丹娜，他的祕書兼情婦（她從窗口指出庭院裡一位高個子、褐髮、豐滿而粗俗的女人）。他們在湖邊有座別墅，他常帶她去坐帆船，據說他「老而彌堅」。

　　人事室的格拉索先生也在追羅瑞丹娜，但目前喬麗亞還看不出他上了她的床沒有，她會讓我知道後續情節。在工廠生活不難，但這些瓜葛難以讓人專心工作。答案很簡單，就是別做事。她當初早就了解到了，一年中，她幾乎沒做成任何事。每天早

上，架起設備讓人看來像點樣子，到晚上則按規矩收拾。每日報告則是憑空想像的。除此之外，她準備嫁妝，睡覺，給未婚夫寫熱烈的情書，違反規定和每一個接近的人聊天。和照顧兔子的安布羅喬；和那負責鑰匙，也許是法西斯特務的米奇拉；和那照理說該為我做飯的女工瓦麗斯可；和那花花公子麥奧奇，他打過西班牙內戰，站在弗朗哥那邊；和蒼白疲軟的馬奧力，他有九個小孩，人民黨黨員，曾被納粹棍子打斷背。她可真是一視同仁。

她說，瓦麗斯可是她的死黨，她忠心聽命。這包括去有機療劑部門出獵（非本部門的人禁止去），帶回肝、腦及其他難得的內臟。瓦麗斯可也訂婚了，她們兩人關係密切，成天交換祕密。瓦麗斯可管洗衣，所以各部門都可以去。從她口中可知道連生產都極機密、反間諜。所有水管、蒸汽管、真空管、氣管等都置在地下或以水泥包著，只有開關露出。機器都蓋上盒子鎖上。溫度計、壓力計上都沒數字，只用顏色。

當然，若我想工作，對糖尿病研究有興趣，那就幹吧。我們還是好朋友，但別指望她幫忙，她有別的事煩心呢。但若是做飯，瓦麗斯可和她倒可幫忙。她們兩人快結婚了，都正學做菜，可以餵飽我，讓我免於飢餓。在實驗室裡搞吃的，我覺得不大合乎規定，但喬麗亞說除了巴塞爾那位神祕木頭顧問每月來一次（事先會充分告知），像參觀博物館般一言不發四處看看，沒人會進實驗室，你可做任何喜歡的事，只要不留痕跡。人們記憶中，爵士從不曾進來過。

上班幾天後，蒙爵士召見，那次我注意到牆上有帆船照片。

他說該開始認真工作了。先到圖書館找巴里塔要肯恩著的糖尿病大作。我懂德文，對不？好，那我就可讀原文，而不是巴塞爾那邊弄出來的蹩腳法文譯本。他承認只讀過法文譯本，不是很懂，但認定肯恩博士是這方面專家，而我們若能把他的想法第一個付諸實施，是再美妙不過的事。是的，他文字晦澀，但巴塞爾那邊的人，對這口服抗糖尿病劑可是認真的。尤其是那木頭顧問。所以，我應去仔細讀肯恩的書，然後一起討論。但同時也別浪費時間，我可以開始工作。他工作忙，無法仔細讀，但他也從其中得到兩項我們應該試一試的主意。

　　第一個主意是有關花青素，你知道它是紅花或藍花的色素。就像葡萄糖一樣，它很容易氧化。而糖尿病是一種葡萄糖氧化的病變，「所以」用花青素，我們也許可重建葡萄糖的正常氧化。矢車菊的花瓣含很多花青素，他已種了一園子的花，收了花瓣，曬乾它。我應設法萃取，注射到兔子身上，然後檢驗牠們的血糖。

　　第二個想法同樣模糊，既簡單又複雜。按照爵士的法文譯本，肯恩博士認為在碳水化合物的新陳代謝中，磷酸是重要的角色。到此還沒什麼問題，但接下來爵士自己的假說，就比較難以相信了，也就是說，給病人吃一些天然的有機磷，可以校正其不正常的新陳代謝。那時我太年輕，還以為可以去更正上級的建議，所以提了兩、三個反對意見，但我立刻看出他臉色變僵，如一片錘過的青銅。他打斷我，以斷然的口氣下令，建議變成命令，要我分析一大堆植物，選出有機磷含量最高的，萃取出來，

餵給兔子。好好做，午安。

　　當我告訴喬麗亞和爵士的對話，她的反應迅速而憤怒：老頭瘋了。但那是我自找的，一開始我就把他當真，惹了他，我就得幹到底，看看那些矢車菊、花青素和兔子有啥用。按她的意見，我是工作狂，狂到願為瘋狂老頭賣身，這都是因為我沒女朋友。如我有個女友，我就會想她而不是花青素。太可惜，她喬麗亞已心有所屬，因她終於了解，我是那種不主動追求的人，得有人引導，一步一步解決感情衝突才行。好呀，她有個表妹在米蘭，也害羞，她要來介紹一下。但天殺的我也該自己努力，看到我把寶貝青春浪費在兔子身上也讓她傷心。這喬麗亞有點邪門，她看手相，拜靈媒，做通靈夢。有時我想她這麼熱心救我，幫我找樂子，也許是她預感到我未來的命運，而下意識想幫我改運。

　　我們一起去看電影「黑影港」（*Port of Shadows*），覺得很棒，還互訴所認同的電影中人物。瘦黑的喬麗亞愛那靈妙的摩根，她那綠色冰晶的眼。而我，溫和退縮，則喜歡逃兵卡賓，一個硬漢，最後死了。不過，他們兩個相愛，而我們則不，是不？

　　電影快完時，喬麗亞要我送她回家。但我得去看牙醫，喬麗亞說：「如你不送，我就大叫：『豬玀，把你的髒手拿開。』」我試著抗議，但黑暗中，喬麗亞深深吸一口氣，開始「豬……」，我只得打電話給牙醫，送她回家。

　　喬麗亞屬獅子座，可在空襲逃難的擁擠火車上站十小時，只為了去和她男人聚兩小時。若能和爵士或羅瑞丹娜吵上一架，她會大樂，但她卻怕打雷，怕蟲。有次，她喊我去處理她桌上的一

隻蜘蛛（我不可以打死，得把牠弄到瓶裡丟到花圃去）。這讓我覺得像面對水怪的大力士，同時也感到女性的嬌柔，不禁怦然心動。曾有次暴風雨，頭兩次閃電，喬麗亞僵立，第三下，她就奔向我避難，我感到她溫暖的身體貼著我，新奇而昏眩，卻是夢中熟悉的，但我沒回擁。如我做了，也許她和我的命運就脫軌，奔向不可預測的共同命運。

　　我從沒見過的圖書館員，像隻看門狗般統領那圖書室。是那種被鏈起來餵得很少，而故意弄得兇惡的狗，或更像老而無牙的眼鏡蛇，因長期在黑暗中固守國王寶藏而顯得蒼白。巴里塔，這個可憐的女人只比造物者的惡作劇（*lusus naturae*）好一點。她個子小，沒奶沒屁股，如乾蠟，深度近視。她戴的眼鏡奇厚無比，如從正面看她，那雙藍眼似乎很遠，卡到腦後去了。她雖然還不到三十歲，但給人從未年輕過的印象，似乎就誕生在充滿發霉味、昏暗的地方。沒人了解她，爵士談到她似乎不耐。喬麗亞承認直覺上就是討厭她，也不知為什麼，就像狐狸恨狗。她說她像樟腦丸發臭，看來便祕。巴里塔問我為何要肯恩的書，堅持一定要看證件，不懷好意的檢視，要我簽本子，然後才不情不願給書。

　　那是本怪書，只有在第三帝國才會出版這種書。作者有些能力，但每頁都透露著不得讓人爭辯的自大。他如著魔的先知一般滔滔不絕說教，好像西奈山上的耶和華給了他糖尿病患者葡萄糖代謝的天機。也許我不應該立刻對肯恩的理論，產生敵意的不

信任。但是三十年後我也沒有聽說，有人對他的理論重新給予評價。

　　花青素的事不久就無疾而終。開始時是矢車菊的美麗進擊，成袋如薯片的乾燥花瓣送進來，萃取時得到美麗卻很不安定的顏色。弄了幾天，還沒到兔子身上時，我接到爵士的命令，整件事歸檔。我還是覺得，這精準踏實的瑞士佬，居然會去信那瘋狂想法真是怪事。一有機會，我就小心暗示我的意見，但他兇巴巴說我沒資格批評教授。他要我明白拿薪水就得幹活，要我別浪費時間，立刻開始處理磷。他相信磷會帶來答案。所以，就弄磷吧。

　　我不是很有信心開始工作，覺得爵士和肯恩博士很可能被名詞所惑。事實上，磷（phosphorus）是個很美麗的名字（它意指「光之使者」），它會發出磷光，在腦子裡，也在魚中，所以吃魚會聰明。植物沒磷不能生長。法利葉一百年前發展出甘油磷酸給貧血兒童；磷也在火柴棒頭上，愛得發狂的女孩吞食它自殺；它也在鬼火中。不，它可不是個不帶感情的元素。在納粹王國妖魔橫行的時代環境中，這半魔半仙的肯恩博士會以它為藥，就不足為奇了。

　　半夜有人在我桌上留下各種植物，一天一種，都是家常植物，我也不知道是憑什麼選的：洋蔥、大蒜、胡蘿蔔、藍莓、牛蒡、柳、迷迭香、野薔薇、杜松和洋蘇。我每天測量它們的無機磷及總磷量，覺得像被綁在井邊的驢瞎忙。做一件自己不相信的事可真慘，每天的磷劑量使我屈辱。隔壁有喬麗亞也不大能讓我高興起來。她低哼著「春天到，醒來」，用溫度計在燒杯中煮

菜，每隔一陣就帶著挑釁進來看我的工作。

　　喬麗亞和我注意到，夜裡留下樣品的神祕客，也留下各種小小痕跡。鎖著的櫃子早上開了。架子換了位置。打開的排煙櫃又關了。一個下雨的早晨，就像魯賓遜一樣，我們在地板上找到橡膠鞋跟印，而爵士穿的鞋是橡膠跟。「他半夜來和羅瑞丹娜做愛。」喬麗亞如此認定。而我則認為實驗室另有不可告人的祕密用途。我們有系統的在門縫夾上牙籤，每天早上由生產部到實驗室的牙籤都掉了。

　　兩個月後，我大約做了四十個化學分析。含磷量高的有洋蘇、白屈菜和西洋芹。此時，我想應該去決定磷在其中的化學形式，並分離它。但爵士打電話給巴塞爾那邊，然後宣告沒時間做這些深奧的事：繼續萃取，別多事，然後真空濃縮，塞進兔子食道，然後量牠的血糖。

　　兔子不是什麼有趣的動物。它們在哺乳類中距離人類甚遠，也許是當牠們受辱受驚時的反應帶些人性。它們安靜、害羞、迴避，只在乎食與性。除了在遙遠童年時的貓以外，我從未碰過動物。面對兔子，我有種排斥感，喬麗亞也有同樣的反應。幸運的，瓦麗斯可和安布羅喬與那些小動物都混得很好。她讓我們看抽屜裡的各種小裝備。有個帶蓋子的高長盒子；她說，兔子愛躲在穴裡（一個小地方），如果抓著牠耳朵（牠的天然把手）把牠塞進盒子，牠覺得安全就不會亂動。還有橡皮探針和中間有洞的木軸。你得把木軸塞進兔子牙齒間，然後從洞中塞探針進喉嚨，直到感覺到了牠的胃底。如果你不用木軸，兔子咬斷探針，吞下

去就會死。通過探針，就可用普通針筒把萃取液灌進牠肚子裡。

　　然後你得量血糖值。老鼠靠尾巴，兔子就是耳朵。兔耳朵上有粗大的靜脈，如你揉牠耳朵，靜脈立刻脹起來，就可以抽血。兔子要不是很能吃苦，就是神經粗，這些瞎整好像都沒事——只要一放回籠子，牠們就冷靜的回去吃草，下一次仍一點也不怕。一個月後，我可以閉著眼睛做這檢驗，但我們萃取的磷似乎全然無效。只有一隻兔子吞了白屈菜萃取液後，血糖值下降，但幾星期後牠脖子上長了個大腫瘤。爵士叫我開刀，我開了刀，覺得罪過和噁心，然後牠就死了。

　　依爵士命令，那些兔子各關一籠，全都禁慾。但有次夜間空襲，沒啥破壞，所有籠子卻都打翻了。早上，我們發現滿院子在交配的兔子，空襲一點沒嚇著牠們。脫身以後，牠們馬上在花圃挖隧道，所以牠們得這名字[2]。只要有點驚動，牠們就中斷交配，找地方躲。安布羅喬為抓牠們重新關起來，花了很大氣力。結果，檢驗工作得中斷，因為籠子雖有標籤，兔子可沒有。散了以後就搞不清誰是誰了。

　　正在為兔子忙得滿頭大汗時，喬麗亞跑來急匆匆的說她需要我。我騎車上班，對不對？好，她下午馬上得去熱那亞港，去那兒得轉三趟車，她急得很，有重要事。我可以用腳踏車載她

2　英文版譯註：在義大利文中，「兔子」是coniglio，而「隧道」則是cunicolo，所以李維在此會這樣說。

嗎？我按爵士那瘋狂的時刻表，比喬麗亞早十二分鐘下班，在街角等她，讓她在橫槓坐好，我們出發了。

那時候，在米蘭騎自行車還不難。那些空襲日子，人們常逃難，騎車帶人也是正常的事。有時，也許在夜裡，陌生人會要求這樣的服務，從城一端到另一端，會給四、五個里拉。但喬麗亞總是不安靜，她緊抓著手把讓我很難控制，一會兒猛然換位置，一會兒聊天時猛打手勢，我們的重心因而隨時亂搖擺。她開始時還是閒聊，但喬麗亞可不是藏得住話的人，在英波那提大街半途，她已把閒聊置諸腦後，到伏打港，她已說得很清楚了：她很生氣，因為他父母說了「不」，而她正趕去反擊。他們為什麼要這樣？——他們認為我不夠漂亮，懂嗎？她咬牙切齒吼著，把手隨著她猛搖晃。

「他們是笨蛋！我看妳美得很。」我認真說道。

「少來，你什麼也不懂。」

「我只是要讚美妳，而且我真是這樣想。」

「這是什麼時候了？你要是想追我，我就捶倒你。」

「那妳也會倒。」

「你這笨蛋，快騎，時間晚了。」

到開羅里街時，我已全都知道了，我聽到發生的一切事，但時間次序則亂七八糟，搞不清楚前因後果。

尤其是，我弄不懂她男友怎麼沒勇氣克服這困難——真丟人，不可思議。喬麗亞平時形容這人慷慨、認真、穩重。這女孩為他著迷，在我雙臂間猛搖，像是自己要騎車。而他卻沒有跑來

米蘭解釋，反而躲在軍營裡。作為一個 *goy*（基督徒），他當然是在服兵役，我一邊在想這，一邊還得和喬麗亞爭著控制手把，我不禁難過起來，恨這從未謀面的情敵。按我古老的定義，她一個 *goya* 和一個 *goy* 應該要結婚的。我百般無奈，第一次有種想吐的空虛感。這就是跟人家不同的意義，作為「正人君子」[3]的代價。騎車載著一個我想要擁有，但又不能和她相愛的女孩，在格里齊亞街奔馳，把她送給別人，從我生命中消失。

在格里齊亞街四十號前有個涼椅，喬麗亞叫我坐著等她，然後她如陣風般飛奔而入。我悲慘的等著。也許我不應這麼紳士，不要這麼愚笨保守。我以後一輩子都會後悔和她只剩下同學、同事之誼了。也許還不太遲，也許那對寶貝雙親會堅持，喬麗亞哭著下樓，我可好好安慰她。我想了一堆趁人之危的念頭。最後，就像一個沉船放棄掙扎的人，我回到那些年我主要的思緒：那種族法令，那未婚夫都只是愚蠢的藉口。我對女人的無能是不得上訴的宣判，會跟我一輩子，讓我一輩子嫉妒，為抽象、無根、無前景的慾望所毒害。

兩小時後，喬麗亞像砲彈般從門口衝了出來。根本不必問她。「我猛捧他們。」她臉紅氣喘的說。我試著真心向她道賀，但你實在沒法在喬麗亞面前隱藏自己的想法，或讓她相信你的言不由衷。擺脫了心理的重擔，臉上閃耀著勝利的光彩，她直視我

3　譯注：原文 salt of the earth，源自聖經新約〈馬太福音〉第五章十三節：「你們是全人類的鹽。鹽若失掉鹹味，就無法使它再鹹。它已成為廢物，只好丟掉，任人踐踏。」

雙眼，看到其中的陰影，她問：「你在想什麼？」

「磷。」我答道。

　　幾個月後，喬麗亞結婚，和我道別，她哽咽和瓦麗斯可交代各種烹飪食譜。後來，她受了很多苦，兒女成群。我們還是朋友，偶爾在米蘭見面，聊聊化學和其他可聊的。我們對自己的抉擇並不後悔，也不抱怨生命所賜予的。但當我們相遇時，彼此都有種奇妙的印象（我們都互相提了好幾次）：是一個骰子，一陣風，一片薄紗，讓我們分道揚鑣走上兩條不歸路。

金
Gold

你可以聽到朵拉河的嗚咽，
失去的朋友，
以及青春、歡樂，
也許生命。
朵拉河就在近處默默流過，
它裝滿融冰的子宮帶著金子。

　　眾所周知，杜林人到米蘭沒法生根，至少不大著地。1942年秋，我們有七個杜林朋友住在米蘭，男的女的都有，為了各種理由，住在那因戰事而不適居的大城。我們的爸媽，那些仍還健在的，都搬到鄉下躲轟炸，而我們如公社般住在一起。尤基是位建築師，想要重建米蘭，宣稱最好的都市設計師是腓特烈一世。西維奧有法學學位，但他在羊皮紙上寫哲學論述，有個船貨公司的職位。伊多是奧力維提打字機公司的工程師。琳娜和尤基睡一起，和藝廊有點關係。芳達像我是個化學家，但找不到差事，身為女性主義者，她為此很是惱怒。愛達是我表姊，為出版社工作。西維奧叫她雙博士，因她有兩個學位；尤基叫她表元帥，意思是元帥表姐，她很討厭這個稱呼。喬麗亞結婚後，我只有兔子作伴，覺得像鰥夫、孤兒，成天夢想寫些像光合作用之類碳原子漫遊的詩，只有化學家才看得懂。事實上，我後來終於寫出來，但那是多年之後了，是本書結尾的故事。

　　如我沒記錯，每個人都在寫詩，除了伊多，他說工程師寫詩有失尊嚴。當全世界在燃燒，寫那些朦朧的爛詩，我們也沒覺得奇怪或可恥。我們自稱為法西斯主義的公敵，但實際上，法西斯主義已對我們（也對所有義大利人）有影響，它孤立我們，使我們膚淺、消極、犬儒。

　　我們咬牙忍受配給，屋裡沒煤，冷得要死。我們毫不負責的歡迎英軍的夜間轟炸。他們不是炸我們，是代表著遠方的友軍力量，他們並不使我們困擾。像所有受辱的義大利人所想的：德國人和日本人無敵，但美國人也無敵，戰事要拖上二、三十年。一

個血腥的僵局，你只有從電檢過的戰爭公報中得知一點實情，有時是從一些親屬的葬禮中了解——官方致哀的信件寫著：「英勇執行他的任務……」。北非海岸和烏克蘭平原的「死神之舞」永遠停不下來。

就像一個人自知不是為自己前途做事，我們每天疲倦做著自己都不相信的工作。我們上戲院、音樂廳，有時節目會被空襲打斷，我們覺得可笑又欣慰。盟軍是天空主宰，也許最後會贏，法西斯會結束——但這都是他們的事，他們又富又強，他們有飛機、航艦。但不是我們，「他們」已宣告我們「不同」，那我們就不同吧。我們選邊站，但不加入這場愚蠢殘酷的亞利安遊戲。我們討論奧尼爾、王爾德的戲，爬山、唱歌，彼此互墜情網。至於當時德國占領的歐洲發生什麼事，我們弄不太清楚；阿姆斯特丹的安妮・法蘭克閣樓，基輔郊外的人坑，華沙、巴黎、里底斯的猶太人區，即將面對的黑死病，我們當時都茫然，只有從希臘或俄國前線撤下來的兵士口中，可以聽到一丁點罪惡的陰影，而我們也多少避免它。無知讓我們活下去，像你在登山，你的繩子磨損得快斷了，但你不知道，還覺得很安全。

但 11 月傳來盟軍登陸北非的消息，12 月聽到俄軍在史達林格勒的勝利，我們悟到戰事恐要較快結束，歷史重新邁開步伐。才幾星期，我們比過去二十年成熟得還快。陰影下走出了法西斯沒征服的人物——律師，教授，工人。他們是我們一直徒勞在《聖經》、化學、山脈中找不到的老師。法西斯使他們沉默了二十年，他們跟我們解釋，法西斯不但是小丑，而且是正義的反面。

它不但把義大利帶進一場不義的戰爭，而且其統治的基礎是工人受迫，富人暴發，知識份子不願受辱而沉默，以及精心設計的謊言，藉此把自己鞏固成可憎的政權。他們說嘲諷和憎惡並不夠，應轉化成憤怒，而憤怒應導向有組織的反抗。但他們並沒教我們如何開槍和製炸彈。

他們講到一些以前我們不知道的人物：格蘭姆西、賽佛明尼、格貝提和羅賽里兄弟[1]——他們是誰？還有另外一種歷史？和我們在中小學學到的歷史平行的歷史？在那動亂的幾個月中，我們徒然試著去填補二十年的歷史空白，但這些新角色仍看來像「英雄」，缺乏深度和人性。但我們沒時間彌補教育了，3月杜林發生大罷工，危機逼近。7月25日，法西斯垮台，廣場擠滿慶祝的人潮。然後是9月8日，米蘭和杜林進駐了灰綠的納粹部隊，鬧劇結束。義大利就像波蘭、南斯拉夫和挪威，成了德軍占領地。

就這樣，長期耽溺於文字，堅信我們的選擇，懷疑我們的方法，心中絕望大於希望的我們，重新在這戰敗國度中出發戰鬥。我們去追尋自己的命運，各奔前程。

既冷又餓，我們是皮埃蒙特最沒武裝的遊擊隊，也許也是最缺乏準備的。因還沒從將近一公尺雪下的避難所出來，我們以為自己安全，但有人背叛我們。1943年12月13日清晨醒來，我

1　編注：皆是義大利的反法西斯先驅，其中格蘭姆西（Antonio Gramsci）創立義大利共產黨，並提出文化霸權論（cultural hegemony），影響後世甚深。

們發現被法西斯共和軍[2]所包圍。他們有三百人，我們十一個，只有一枝沒子彈的衝鋒槍和幾把手槍。八個逃到山裡，民兵俘虜了半睡半醒的三個——阿爾多、基多和我。他們進來時，我把手槍藏到爐中的灰裡，反正我也搞不清怎麼用；它鑲滿了珠子，那種電影裡女人用來自殺的槍。阿爾多，一位醫生，站起來慢慢點根菸說：「我可惜的染色體。」

　　他們狠揍了我們一頓，警告我們不得做任何蠢事，說要好好再拷問我們，然後槍斃。他們趾高氣昂圍住我們，然後帶我們上山。在幾個鐘頭的路上，我做了兩件很重要的事。我一口一口吃掉身上的偽造身分證（照片特別難吃），又假裝跌倒，把通訊錄塞到雪堆裡。一路民兵們唱著雄壯的軍歌，用槍打兔子，丟手榴彈到溪裡炸魚。山谷中有巴士等著我們。他們命令大家上車分開坐。我四周全是兵，坐著、站著，他們也不理我們，繼續唱。其中一個背對我站著，腰上掛著手榴彈，那種德製木柄的。我可輕易拉開保險栓和其同歸於盡，但我沒勇氣。他們帶我到愛斯塔郊外的軍營。那兒的排長叫福沙，想來荒謬可笑，他現在已躺在荒郊野外的軍墓幾十年了，而我卻活得好好在寫這故事。福沙完全公事公辦照規矩來，他馬上給我們定下規矩，把大家關在地下室，每人一室、一鋪、一馬桶，十一點供糧，放風一小時，不准談話。最後這條禁令很難挨，因為我們之間心中有個醜惡的祕密，它使我們被捕，也在幾天前喪失活下去抵抗的慾望。我們被

2　原注：這是由義大利北部的法西斯餘黨所成立，在納粹部隊保護之下。

迫違背良心執行了一個槍斃任務，結果是自己難過得想自殺，但也非常想互相談談以驅除這夢魘。現在，我們知道完了，掉在陷阱裡，除了往下掉沒別的出路。但多年熟讀小說中的種種逃生奇蹟，我也一寸一寸檢查起我這牢穴：牆是半公尺厚，門很重，外頭有衛兵，小窗上有鐵欄杆。我有個磨指甲刀，也許我可以鋸斷一條，也許甚至全部，我極瘦也許可以擠出去。但窗外緊接著是一大堆防空水泥牆。

每隔一陣，他們提押我審問。如果福沙審，情形就不太糟。福沙是一種我從未遇到的人，一個完全守規矩的法西斯份子，笨而勇敢。當兵（他曾在非洲和西班牙打仗，愛以此向我們吹牛）使他愚笨無知，但沒使他腐化失去人性。他一輩子相信災難起於兩個人：國王和西安諾[3]，後者就在那幾天在維洛納遭槍斃。若不是他們從頭就顛覆法西斯戰爭，義大利早就贏了。他認為我糊塗，交友不慎。在他階級導向的心靈深處，他深信一個大學畢業生，不會真的是個「危險份子」。他要審問是出於無聊，或是為了向我洗腦並證明自己重要，並沒有真正調查的意思。他是軍人不是員警，他從不問困窘的問題，也不問我是否是猶太人。

另一方面，卡尼的拷問令人害怕。他就是抓到我們的那個密探，一個天生的、徹底的間諜，而非純粹基於法西斯信仰及金錢回報。他每一寸血肉都愛傷人，有種浮誇的虐待狂，就像獵人

3　編注：Galeazzo Ciano，法西斯統治時期的義大利外交部長，墨索里尼的女婿。在1943年的大法西斯議會中（Grand Council of Fascism）對墨索里尼投下不信任票。

射殺野獸。他很有技術，先是以有力的身分證明加入我們鄰近的游擊組織，自稱有許多德國軍事機密，後來證實那都是蓋世太保假造的。他負責那組織的防衛工作，讓他們耗費精力搞消防演習（順便也浪費不少子彈），然後溜回山谷，重回時就是以緝捕隊隊長身分出現。他大約三十歲，看來蒼白無力，審問開始時桌上放把手槍，明顯而刺眼，然後分秒不停，要知道每件事。他不斷以拷打和行刑隊為威脅，但我運氣好，幾乎什麼都不知道，而我知道的別人都不知。他一會兒假裝客氣，一會兒冒充憤怒。他告訴我（可能是恫嚇），他知道我是猶太人。那倒好，不是猶太人就是游擊隊。若是後者，他會把我拖出去槍斃。如果是猶太人，好，就在卡匹有個集中營，那兒不是屠場，我可以去那兒等到最後勝利。部分出於疲憊，部分由於非理性的自尊，我承認是猶太人，但我絕不相信他的話。他自己不是說過，那集中營過幾天就要被納粹黨衛軍接管？

牢穴中有一顆小燈泡，晚上也亮著，幾乎不能看字，但我仍讀了很多東西，因為我以為剩下的日子不多了。第四天放風時，我偷偷在口袋裡放了顆石頭，因為我想和阿爾多和基多聯絡，他們就在隔壁。我成功了，但可真累人，在牆上一下一下敲密碼，要花一小時才通一個句子。我把耳朵貼到牆上聽回音，卻又聽到樓上大廳的兵士在唱歌：「阿里格里的風景……」或「但我沒把衝鋒槍留下……」或哭泣的「來吧，森林中有條路」。

牢中有隻老鼠和我作伴，但半夜裡牠啃我的麵包。屋裡有兩

張鋪，我拆了一張，拿了床板豎起來，把麵包放到頂頭，但在地上為老鼠留一些麵包屑。我覺得自己比牠更像隻老鼠；我想念森林中的小路、窗外的雪、茫茫的山，以及千萬件自由身可做的美事，不禁嗚咽起來。

凍得要命，我猛敲門直到守衛出現，要求見福沙。那守衛在緝捕時是揍我的人，但當他發現我是「博士」時，他求我原諒他；義大利可真是個奇怪的國度。他沒讓我見福沙，但拿來毯子，並准許每晚熄燈前，可以站在爐前取暖半小時。

新規定當晚開始。一位民兵來帶我，還帶著另一位我從沒見過的囚犯。可惜，若是基多或阿爾多就更好了，但至少他是個人可以談話。他帶我們到火房去，黝黑而低矮的房中占個巨大的火爐，好暖！民兵令我們坐在板凳上，他自己坐在門邊擋住門，把衝鋒槍豎在兩膝間。但幾分鐘後，他對我們失掉興趣就睡著了。

那囚犯好奇看著我。「你是反抗軍嗎？」他問道。他大約三十五，瘦而有點駝，有頭捲捲的亂髮，鬍鬚不整，鷹鉤鼻，嘴無唇，雙眼閃爍。他的雙手粗糙奇大，動個不停，一下抓自己，一下敲板凳。我注意到他手有點抖，呼吸有酒味，我想他剛被捕。他口音像是山谷裡人，但不像農夫。我不著邊際回答他，但他又問：「他睡著了，你願意的話可以說。反正我關不久，可以幫你帶消息出去。」

他看來不可靠。「你為什麼進來？」我問。

「走私。我不想分給他們，就這樣。最後我們會達成協議，

但之前他們得把我關著。真糟，這樣生意做不好。」

「現在什麼生意也不好！」

「但我的生意特別，我只在冬天走私，此時朵拉河面結冰。其他時候我做各種事，不管什麼事都是自己當老闆。我們是自由業，我父親喜歡這樣，祖父、列祖列宗直到羅馬時代都是這樣。」

我沒聽懂凍住的朵拉河的意義，要他解釋，他是個漁夫嗎？

「你知道它為什麼叫朵拉河？」他回答，「因為它是金子做的，當然不是整條河都是金子，它有金沙，當凍住時你就沒法淘金。」

「河底有金子？」

「是的，在沙中，不是到處都有，而是在一些河段。河水把金子從山上沖下到處亂堆，有些地方有，有些地方沒有。祖先傳下來給我的河灣地，是含金最豐富的地方。那兒隱祕，沒人能找到；反正最好是晚上去，沒人來亂問。像去年冬天，河流凍住，你就不能工作，因為只要你切了一個洞，馬上又凍住，何況手根本不聽指揮。如果我是你，你是我，我發誓我會告訴你——我們的地方在哪裡。」

我對這句話感到不舒服。我自己了解自己，用不著陌生人告訴我。那人知道失言，笨拙的試著修正：

「哦，我的意思是這些屬於機密，連朋友都不能講的。我是靠這過活的，在世界上我也沒其他東西，但我可不願和銀行家換位置。你看，那兒金子也不多，事實上是很少，你洗上整晚才

弄到兩、三公克，但它永不枯竭。你總可以再回去，明晚或下個月，只要你喜歡，金子會再來，就像地上的草再長回去；所以沒人比我們更自由，也是為什麼關在這裡我覺得會發瘋。」

「而且，你要了解不是每個人都能洗沙，這工作令人滿意。父親教我，只有我，因為我最聰明，其他兄弟在工廠工作，他只把淘金鍋子留給我。」——他用那奇大的手彎成杯狀搖動。

「不是每天都可以，天氣好時和月缺時比較好。我說不上為什麼，但如果你要試試，它就是這樣。」

我以沉默感謝這好預兆。我當然要試一下；我為什麼不試？那些日子裡，我勇敢坐在那兒等死，胸中充滿強烈慾念，想要嘗試每件事，嘗試人世的所有可能經歷。我詛咒毫無成就的前世，感覺時間就從指尖溜掉，分分秒秒從身上跑走，像止不住的血。當然，我要去尋金，不是要發財而是去試個新技術，再享受土地、空氣和水，再去追尋我化學事業的基本型態——分離，也就是從礦沙中淘洗金子的技藝。

「我並沒有全部賣掉，」那人繼續說：「我太愛它了。我自留一些，每年做兩次熔化加工。我不是藝術家，但喜歡自己做手工，鎚它、刻它、刮它。我對發財沒興趣，重要是自由自在活著，不要像狗一樣圈著脖子。我想做的時候就做，不要別人跑來和我說：『快點！別偷懶。』所以我厭惡留在這兒，這樣起碼損了一天活。」

民兵夢中一抖，槍掉到地上嘩啦響。那人和我快速交換眼色，立刻明白。兩人從凳子上躍起，但我們根本還沒時間走，民

兵已撿起槍。他坐起來，看看錶，用威尼斯方言咒了一句，粗聲告訴我們該回房了。在走道上，我們碰到基多和阿爾多被另外一位士兵帶往火房：他們向我點頭示意。

　　牢穴中，我再度面對孤獨與淒寒，小窗飄進的山嵐，和明日的焦慮。在宵禁的寂靜中我傾聽。你可以聽到朵拉河的嗚咽，失去的朋友，以及青春、歡樂，也許生命。朵拉河就在近處默默流過，它裝滿融冰的子宮帶著金子。我嫉妒那來歷曖昧的同伴，他馬上可回到他那朝不保夕但極其自由的生活，重拾他那涓涓細流、永不止歇的金子，以及綿延不盡的日子。

鈰

Cerium

德國人比我們更怕轟炸，
我們反而不怕。
幾秒鐘內，
我就在實驗室裡了，
口袋裝滿了所有的鈰，
直接衝回同伴那兒。
空中已滿布轟炸機，
飄下片片黃單子……

　　我，一位化學家，在這兒寫我的化學故事，而曾在另外一個世界活過來的故事我已在它處寫過[1]。

　　事隔三十年，我很難說清楚 1944 年 11 月那個有我名字，號碼 174517 的是個什麼樣的人。那時，我一定已克服了最困難的危機，隸屬「營」的危機。我如要生存、思考和工作，一定已培養了一種古怪的無情，以面對日日的死亡和俄國解放者將臨（只距離八十公里了）的瘋狂。希望和無助的快速輪替，足以毀滅任何正常人。

　　我們不正常，因為我們飢餓。那種飢餓和普通人錯過一餐但會有下餐的（不完全討厭的）感覺完全不一樣。那是一種已附身一年的慾求，深入骨髓，全面控制我們的行動。吃，找吃的，是第一要事，遠在其後的，才是生存的其他事，更後更遠的，才是對家庭的回憶和對死亡的恐懼。

　　我在集中營的化學工廠實驗室中工作（在其他書中談過），為了糧食，我做小偷。如果你不是從小就偷，學做賊可不容易。我過了幾個月才能完全壓制罪惡感，並獲得必要的技術。有天我突然了解（隨後大笑一陣）我正在重演——我，一位可敬的大學畢業生，一條名狗的退化兼演化的過程。一條維多利亞的達爾文狗，牠被放逐到野地變成賊才能活下去，如同《野性的呼喚》（*The Call of the Wild*）裡的巴克。我偷得像牠，像狐狸。每樣東

1　原注：見於我兩本關於奧茲維茲集中營的書，《如果這是個人類》（*If This is a Man*）和《復甦》（*The Truce*）。

西我都偷，除了囚友的麵包。

　　從你可以偷竊獲利物質的觀點來說，那實驗室是塊處女地，等人來開發。有汽油、酒精這種普通但不便的贓物；很多人偷它，價格高但風險也高，因需要容器。每個經驗豐富的化學家都知道包裝化學品之難，上帝則有高明的法子，細胞膜、蛋殼、橘皮、皮膚都是，我們畢竟也是液體。那時還沒有聚乙烯塑膠，若有的話我就好辦了。它輕而軟，絕不透水。但我想它太不易腐敗，上帝一定不喜歡；雖然祂是聚合化學之王，祂不喜歡死硬不化的東西。

　　我既然缺乏包裝材料，理想贓貨應是固體，不易破，不笨重，最好是全新的。它體積不能大，因下工時在門口會搜身。最後，「營」裡的複雜社會，一定至少有部分人對它有需求。

　　我已在實驗室試了幾回，曾偷了幾百公克的脂肪酸，是辛苦氧化很多石蠟而得來的。我吃了一半，它真減少了飢餓感，但味道可真惡劣，所以我放棄去賣另外一半的念頭。我也曾試著用衛生棉花做烙餅，是用電熱板去烤。有焦糖的味道，但看起來太噁心，想必沒人要。我也試著直接把棉花賣給營屬醫院一次，但太麻煩，又缺需求。我想既然甘油是肥油分解的產物，它一定能提供卡路里，就強迫自己吞甘油。也許的確有卡路里吧！但副作用非常不愉快。

　　在一張架子上有個神祕的瓶子，裡面有大約二十根灰灰硬硬、沒味道的棒子，上面沒有標籤。這很奇怪，這裡可是個德國實驗室。當然，俄國人只距離幾公里遠，災難近在眼前，每天

轟炸，大家都知道戰事快完了，但有些事想必是不變的：我們
飢餓過日子，實驗室是德國的，德國人從不忘記貼標籤。事實
上，實驗室所有其他瓶子都貼了，打字的，或用漂亮的哥德體寫
的——只有那罐沒標籤。

　　當時，我當然也沒設備和閒工夫，去鑑定這些小棒子的成
分，我在口袋藏了三枝，當晚就帶回營裡。它們有二十五公釐
長，直徑三到四公釐。

　　我讓阿拔圖看看，他從口袋掏出小刀想切開，但切不開。他
刮一刮，看到一些黃火花。此時，鑑定就不難了，這是鐵鈰，一
種製造打火機火石的合金。但為什麼這麼大？阿拔圖曾和一群
焊工工作幾星期，他說那是用來點焊炔的。此時我開始懷疑這貨
的市場機會，它也許可點把火，但「營」裡火柴（非法的）並不
很少。

　　阿拔圖叱責我。對他，氣餒、悲觀和放棄都是討厭該罵。
他不接受這集中營世界，直覺上，理性上，他都拒絕被感染。他
是個心腸好但意志堅定的人，奇蹟似的超脫。他沒低頭，也不折
腰。他的舉動、笑顏有種解放的力量，是「營」網的裂縫。所有
接觸他的人都感覺到了，即使那些不懂他語言的人。我相信沒人
比他更受愛戴。

　　他責罵我：「你永不可氣餒，那有害，所以不道德，簡直是
下流。你已偷了鈰，好！那我們就開始搞。」他要來處理，要
把它變成寶。普羅米修斯真笨，天上偷的火該賣給人才是；他可
賺錢，討好丘比特，並避免後來被禿鷹啄食的酷刑。

　　我們可得精明些！這頓有關精明的訓話可不是第一次。阿拔圖常如此跟我說，之前自由時有別人說，之後又有很多人說，直到今天人家對我說了無數次，結果是在我身上產生了危險傾向：可以和真正精明的人相處，使他占我便宜。而阿拔圖則是個理想的朋友，他精明而不損友。我當時並不知道，但他知道（他總知道每一個人的事，雖然他不懂德文、波蘭文和法文）在工廠有個地下打火機製造業，有人利用閒餘為大官、平民做打火機。那麼，火石有銷路了，但它尺寸得很小。我們怎麼把它切小呢？「別煩，」他說，「讓我來，你只管偷。」

　　第二天，我毫無困難照阿拔圖的指示去做。早上十點左右，空襲警報拉起。警報並不新鮮，但每次我們——我們及所有人仍骨頭發麻。那不像人間的聲音，它出奇響亮，同時往上高拔再降到如雷轟耳。它不可能是隨便發明的，在德國沒有任何事是隨便的，而且它和背景及目標完全配合。我常想這是個狠毒的音樂家發明的，他披上狼衣在狂風中對著月亮哭號。它挑起恐慌，不只是宣告轟炸將至，也因它本身的恐怖，幾乎像遍地傷獸的哀號。

　　德國人比我們更怕轟炸，我們反而不怕，因為那不是瞄準我們的，是送給我們敵人的。幾秒鐘內，我就在實驗室裡了，口袋裝滿了所有的鈽，直接衝回同伴那兒。空中已滿布轟炸機，飄下片片黃單子，上面印著惡劣的嘲諷句子：

Im Bauch kein Fett,
Acht Uhr ins Bett,

Der Arsch kaum warm,

Fliegeralarm!

翻譯出來是：

腸裡沒糖

八點上床

屁股剛到

空襲警報

　　我們不准進防空洞，而是集合在工廠四周的空地上。炸彈下來時，我趴在凍泥巴地裡，壓在口袋裡的小棒上，沉思我奇怪的命運，我們如樹葉似的命運以及人類的命運。照阿拔圖說的，打火石的價錢等於一次麵包配給，那就是一天的生命；我至少偷了四十條鈰棒，每條可以做三枚火石，總共就是一百二十枚，是我兩個月和阿拔圖兩個月的生命。兩個月後，俄國人就會來解放我們了。最後會是鈰救了我，這個元素我完全不了解，除了那唯一的實際用途。鈰屬於那模稜、異端的稀土族，它的名字和拉丁文、義大利文的蠟（*cera*）無關，也不是要紀念它的發現者（老派化學家真謙虛！），而是為慶祝小行星穀神星，因這金屬和這小行星同在西元 1801 年發現。這也許是一種占星和煉金術的愛戀關係：太陽是金，火星是鐵，那穀神星（Ceres）就一定是鈰（cerium）。

那晚，我帶鉧棒回營房，阿拔圖帶回一金屬盤，盤中有小圓洞，這小洞就是口徑；我們得把鉧棒弄到那口徑才能轉變成火石，再化成麵包。

接下來的可要小心。阿拔圖說小棒得祕密用力削，不能讓別人發現我們的祕密。什麼時候？晚上。哪兒？在大木屋裡、床單下、草褥上，冒著起火，然後遭吊死的危險——這是任何人在房裡點火的處罰。

在事成以後，人們總不大願意批評蠻幹的事，不論做的是自己或他人。也許這次還不夠蠻幹？也許真存在著上帝來保護小孩、蠢蛋和醉鬼？也許這種事比許多其他糟事更重大、更溫暖，所以人們愛談它？但我們可沒問這些問題；「營」讓我們深諳危險與死亡。對我們而言，冒險搞吃的完全合乎邏輯，理由簡直明顯。

伙伴們睡時，夜夜我們拿刀幹。景象淒慘可泣；房內孤燈一盞，暗影中那些臉為睡夢折磨著，帶著死味。下顎大動，都在夢吃。有些人手、腳吊在床外，還有人呻吟說夢話。

但我們倆可醒著。我們用膝蓋頂著被單，在這個小帳下拚命瞎鋆，每一下都聽到小爆聲，看到火花上冒，每隔一陣，則停下來看看棒條能不能通過那小洞。如不能，就再鋆。如能，就折下收起來。

我們幹了三晚，沒人發現，床單和草褥也沒起火。我們就是如此賺到麵包，殘活到俄國人來，如此建立信任和友誼。我的後來已在別書談過。當戰線逼近時，阿拔圖和多數囚徒步行離開。

德國人讓他們在雪地裡不分日夜行進，走不動的就槍殺，剩下的就用貨車載到新的奴工營布成瓦德（Buchenwald）和茂特豪森（Mauthausen）。熬過來的人不到四分之一。

　　阿拔圖沒回來，沒留下任何蹤跡。戰後，他家鄉有個人，半憑想像、半憑謊言，向他媽媽說很多假故事安慰她，騙她錢而以此過活多年。

鉻

Chromium

十年的戰後年代過去，
過分鹼性的鉻酸鹽早已從市場消失，
我的報告如所有肉身從世界消失。
我那氯化銨：愛情與解放的雙胞胎，
仍然在那湖岸邊很度誠的磨入防鏽漆中。
沒人知道為什麼。

　　主菜是魚，但佐以紅酒。營繕組長維辛諾說那些規矩都是扯淡，只要酒和魚味道好就行。他相信那些遵從傳統說法的人若矇上眼睛，大部分人分不出紅酒和白酒。硝化部門的布羅尼，問有沒有人知道魚為什麼要配白酒？這招來不少玩笑話，但沒人說得上來。卡密多老頭提起生活中有很多不知來源的習俗：糖果紙的顏色，男、女襯衫扣子不同邊，威尼斯船的船頭形狀，豬腳配扁豆，通心粉配乳酪。

　　我在心中迅速盤算一下，這些人應該還沒聽過，然後我就開始談亞麻子油加洋蔥的故事。這兒是油漆製造公司的餐廳，大家都知道幾世紀以來，煮沸的亞麻子油，一直是這行的基本原料。它是個古老尊貴的藝術，最早出現在《聖經》〈創世記〉第六章十四節，諾亞按照上帝的意旨，以熔化的松脂塗了（大概用刷子）方舟裡外。但它也是個欺騙的藝術，表面的一層掩飾著下層本來面目。從這點看，它同化妝品、裝飾品幾乎一樣古老（〈以賽亞〉第三章十六節）。既然它有幾千年歷史，這行業有些怪異的習慣也就不足為奇了（雖然近代技術改進很多）。

　　言歸正傳，我告訴同桌吃飯的人，在一本 1942 年出版的配方手冊裡建議，亞麻子油煮沸後，要在油中加入兩片洋蔥，但沒說為什麼。我在 1949 年曾問我的前任者，也是老師，奧林多先生。那時他已七十歲，做油漆已有五十年。他微笑著和我說，事實上他年輕時，還沒使用溫度計，只有藉著觀察煙來判斷溫度，或吐口水，或放一小片洋蔥，如洋蔥開始炸了，油就煮好了。顯然，事隔多年後，人們忘了原來量度的意義，它成了一個神祕不

可思議的法術。

　　卡密多老頭也說了個類似的故事。他不無懷念回憶起從前好時光，那使用柯巴樹脂的年代。他告訴我們，亞麻子油如何和那有名的柯巴樹脂混合，用來做耐久光亮的漆。今天，它的名稱只見於這個詞「柯巴鞋」，那是指在皮鞋上塗上一層漆，已有五十年不流行了。那時，樹脂是英國人從最遙遠、野蠻的國度進口，然後就以國度取名，像馬達加斯加柯巴樹脂，或獅子山、紐西蘭柯巴樹脂及有名的剛果柯巴樹脂。它們是植物化石產物，熔點很高，不溶於油。為了要溶解，需強熱破壞它（脫羧作用），而熔點也下降。過程是直接用水加熱一粗糙可移動的一、二百公斤的鍋，可說是半工業、半家庭式的。當樹脂由於冒煙，水分蒸發而損失百分之十六的重量以後，就完成了。1940 年戰時，由於供應困難，它就被酚樹脂取代，它又便宜，又能溶於油。很好，卡密多告訴了我們，直到 1953 年，某大工廠（姑隱其名）是如何以柯巴樹脂一樣的方法處理酚樹脂——加熱到失去百分之十六的<u>重量</u>，以獲得它本就存在的油溶性。

　　這時，我想起語言中常含一些不知出處的隱喻和比擬。今天騎術少有人精通，已變成貴族運動，有些用語像「肚子著地」、「咬馬嚼子」，已經讓人聽不懂；今日磨坊多已消失，像「四座磨石般吃」聽來奇怪而神祕。大自然也一樣保守，我們今天還帶著尾椎骨，雖然尾巴早就沒了。

　　布羅尼說了個他自己的經歷。但對我而言，這是個甜蜜、細緻的故事。1955 至 1965 年之間，他在一家湖邊工廠工作，也

就是我在 1946 至 1947 年學做油漆的同一家工廠。在那兒，他負責合成漆部門，繼承了個以鉻為基底的防鏽油漆配方，裡面有項荒唐的成分：氯化銨——煉金術士的銨鹽，這東西只會腐蝕，並不防鏽。他到處問廠裡的老手和上司，那是怎麼回事。他們驚訝的說那東西本來就在裡面，至少十年了。這剛上任的黃毛小子怎麼膽敢問這愚蠢的問題，質疑公司的經驗。氯化銨一定有用處，雖然月用三十公噸，也沒人知道到底有什麼用。但沒人敢把它拿掉，天知道會發生什麼事。身為一個理性的人，布羅尼很不高興。但他也很小心，只得接受勸告。也就是說，除非發生新的情況，那湖邊工廠還會一直添加那完全無用的氯化銨。但今天我知道那一點用處也沒有，因為我就是那始作俑者。

這鉻和氯化銨的故事，讓我想起那寒冷的 1946 年 1 月。那時肉和煤還要配給，沒人有車，義大利人以前從沒如此自由和滿懷期望。

但，我三個月前才從集中營出來，生活困頓。那兒的見聞經歷還在心中燃燒，我感覺死人比活人還近些，甚至覺得做人很羞恥，因為人建了奧茲維茲集中營，它吞沒了我很多親人朋友、百萬以上的人，和我熱愛的女友。我覺得把那些故事講出來能淨化自己。我覺得像柯立茲詩作中的老水手，在路邊攔下赴喜宴的客人，訴說著自己的災難。我寫下血腥的詩句，告訴人們或寫出那些故事，到最後，變成一本書。寫作讓我平靜，覺得再次像個人，像個普通有家室、有遠景的正常人，而不是個烈士、難民或

聖人。

　　但人不能靠詩、靠故事過活。我拚命找工作，找到湖邊這為戰事所半毀的工廠。沒人理我。同事、上司、工人都忙著為別的事擔憂——在俄國前線沒回來的兒子、沒柴的爐子、沒玻璃的窗、凍破管子的冬天、通貨膨脹、饑荒和宿怨。實驗室中給我安了一張跛腳桌。四周到處是一些無所事事的人走來走去。我占著個化學家閒缺，萬分孤獨疏離（那時不流行這字眼），沒頭沒腦一頁一頁寫著那毒蝕我的回憶。同事偷偷看著我這無害的瘋子。手上這書就像蟻窩，沒有設計的生長起來了。每隔一陣子，敬業精神促使我去找經理要些事做。他總是太忙，無暇理會我內心不安的問題。應該多讀、多研究，若你不在意我這麼說的話，你還根本不懂油漆、蠟。沒事幹？好，讚美上帝，並坐在圖書館用功吧。真的發癢的話，總有德文要翻譯。

　　有天，他找我去，眼帶閃爍的說有事給我了。他帶我到工廠的院子，牆角亂堆著成千的亮橘色方塊，下頭的都壓歪了。他叫我摸摸，覺得是軟軟的膠質，噁心的黏度像牛內臟。我說，除了顏色外，看來像牛肝。他稱讚了我一下，說在油漆手冊上就是這樣描述的。他說這現象就叫做「肝化」。在有些狀況下，一些油漆會變成固體，黏度像肝或肺，就只得丟掉。這些方塊，原是罐裝的油漆，肝化以後，罐子被切走，油漆就丟在這垃圾場。

　　他說，那些油漆是戰時至終戰間製造的，它含鹼性的鉻酸鹽和烷基樹脂。也許是鉻酸鹽鹼性太強，或樹脂太酸了；這正是「肝化」的條件。好吧！就把這堆舊罪過交給你了。檢驗一下原

因，想想有什麼法子防止它再發生，最好這些廢料能回收。

就這麼決定了，半是化學，半是偵探工作，我喜歡這問題。那晚（是個星期六），坐在滿是煙灰、冰冷的貨運火車，我回杜林時還想著這問題。第二天，命運給了我獨一無二的禮物。我遇見一位有血有肉，透過大衣都感到溫暖的年輕女人。我們在霧中的大街輕快走著，到處都是廢墟。不到幾個鐘頭，我們都了解到這不是邂逅，而是要互屬一輩子。後來的確如此。幾小時內，我覺得久病再生，注入新活力，生活又充滿了快樂和希望。周邊的世界也痊癒了。心底沉澱的女人名字和臉孔也隨著拔除。再次，我以歡欣的活力回到這世界。寫作也成了新活動，不再是孤獨悲傷的治療之旅，不再哀討同情，而是神志清明的建構活動，化學家量度、分割、判斷、證明的工作。除了像老兵講故事的解脫感之外，對寫作，我有新的、複雜而濃烈的興味，就像學生時代突破解決那些莊嚴的微分方程式。從記憶深處挖掘出來，找到、選出貼切的詞來描述，嚴密而不累贅，自己感到得意。吊詭的是，原本恐怖記憶的負擔，現在倒變成財富與種子。寫作好像讓我像植物般成長。

下星期一在上班的貨車上，擠在一堆昏睡的人當中，我感到心中欣喜，從來沒這麼清醒。就像對付奧茲維茲，我可以挑戰任何人和事，尤其是那些臃腫堆在湖邊的橘色肝。

人說精神戰勝物質，不是嗎？他們在法西斯的異教徒學校裡，不是這樣洗我的腦嗎？我全力投入工作，用功的程度就像不久以前對付石牆。對手仍是一樣，那「非我」，易卜生劇中的

角色 Button Molder：愚蠢的物質，像有敵意的蠢人，堅強而不可理喻。我們這行就是要對付它並贏得這冗長的戰鬥：「肝化」了的漆，比瘋獅子還不好對付，雖然我得承認它沒那麼危險。

　　第一戰是檔案。搞出這橘色怪物的姦情兩造，是鉻酸鹽和樹脂。樹脂是現場製造：它們每批的出生證明都找到了，看不出有何不軌。樹脂的酸度略有變化，但總是按規定低於 6。有一批 pH 值是 6.2，但檢驗員照章行事把那批廢了。樹脂沒問題。

　　鉻酸鹽是從各處買來的，一批批經過檢驗。按採購規格 480/0，它含氧化鉻不得少於 28%。而我眼前有從 1942 年到現在冗長的檢驗報告單（一種最無聊的讀物），所有報告值都合乎規格。事實上，全都是 29.5%，一點也不多，一點也不少。看到這作孽的數據，我這化學家肚裡發毛。因為每次製造這鉻酸鹽狀況總不一樣，加上分析技術的誤差，產生出如此一致的結果是極端不可能的。但那時我還不大領略表格那種恐怖的，麻痹人心的能力，它那熄滅、鈍化人想像力的效果。有學問的人都知道，所有分泌物都可能是有害毒物。現在，在病態狀況下，這表格——一種公司分泌物，被重度再吸收了，麻痹且癱瘓了原來弄出它的公司。

　　我慢慢搞清楚怎麼回事了。為某種理由，某分析師誤入岐途，用錯方法，用錯了藥，還是不正確的習慣。他勤奮不斷記下，如此可疑卻形式上全然正確的數據，中規中矩簽下每次檢驗。簽名像雪崩似滾大，實驗室主管、技術主任和經理全都簽名證明。我可想像在那困苦年代，那個不再年輕的可憐蟲。分析師

是年輕人的工作。但戰時年輕人都打仗去了，也許被法西斯所迫，也許就是法西斯。那可憐蟲一定很無奈，分析需要年輕的耐力，在那細緻專長的碉堡中守衛。按定義，分析師不能錯，就因他根深柢固的守護性，成為公司中嚴厲、迂腐而缺乏想像力的判官。從那匿名的規矩字體，他的工作已成就一種粗糙的完美性，同時也耗盡他的精力。就像溪中鵝卵石，一直翻滾到河口。長久以來，他對自己工作的真正意義已發展出一種鈍性。我想研究他，但沒人記得他，碰到的都是無禮或無心的回答。而且我感覺到周遭環繞著一種嘲弄、不懷好意的好奇：這黃毛小子，這月入七千里拉的菜鳥，整天寫東寫西打字吵人，成天翻人舊帳挖人牆腳的傢伙，到底是誰？我甚至暗中懷疑，這任務的目的是讓我去惹人惹事。但如今，這「肝化」的事已進入我身體和靈魂。總之，我幾乎像愛上那女孩般愛上這問題了。事實上女孩還有點吃醋呢。

　　除採購規格外，同樣嚴格的檢驗規格也不難弄到手。實驗室抽屜中有一盒油膩的卡片，打字修訂過很多次，每張卡片記載著一樣材料檢驗的方法。普魯士藍卡片就染著藍色，甘油卡片黏黏的，魚油卡片聞來像沙丁魚。我取出鉻酸鹽的卡片，它用得太久了已呈朝陽顏色。我仔細閱讀，它看來滿合理的，合乎我那還不大生鏽的學術觀念。只有一點看來奇怪。顏料分解後，它寫著要加入 23 滴某藥品。「滴」不是一個準確的單位，值得去準確規定 23 嗎？而且看來量也實在太多，會「淹」過分析的準確度，得到相同的數據。我看看卡片背面，上面有最後一次修訂時

間——是 1944 年 1 月 4 日。第一批「肝化」物出生於該年 2 月 22 日。

　　這時，我開始懂了。在舊的檔案櫃，我找到老舊失效的檢驗規格。哈！上面寫著「2」或「3」滴，不是「23」滴。重要的「或」字被抹掉了一半，後來謄寫時就全掉了。真相大白，卡片謄寫時犯的錯，讓後來的分析檢驗全錯了，又讓過多鹼性顏料，本不該用的，全都用上場了。這就造成「肝化」現象。

　　但，就像偵探小說讀者都知道的，如果立刻向美妙的假設投誠，恐怕有麻煩。我找到睡眼惺忪的倉庫管理員，拿到 1944 年 1 月以後所有的鉻酸鹽原料，把自己關在實驗室中三天，正確和錯誤兩種分析方法都用。當檢驗結果逐漸記錄成表後，無聊單調的檢驗工作變得有趣了。好像小時候玩捉迷藏，把藏在牆後的小傢伙捉到。用錯的方法，總是得到 29.5%。用正確方法，結果就差異很大。有四分之一的樣品成分未達最低要求，應予退貨。診斷完成，現在該找治理的方法了。

　　運用「無機化學」的老知識，我很快找到法子了。對我們有機化學家（學習黏巴巴化學的人）而言，「無機化學」是遠方的失樂園。對那病態漆，必須中和氧化鉛所產生的鹼性。但很多酸有刺激性，我想到用氯化銨。它可以穩定和氧化鉛結合變成氯化鉛，然後放出氨氣。小量試驗看來有希望。好，找來氯化銨，和研磨部門協議，在研磨機中加入兩塊噁心的「肝」和這治病的藥，在眾人疑心的目光下開始磨。通常很吵的研磨機，被那黏黏的固體膠住，幾乎不甘願慢慢磨著。剩下的，只有回杜林，等下

星期一看結果來宣判吧。

到星期一，研磨機已恢復正常聲音，發出連續的磨聲。沒有韻律的聲音，機器就是有毛病。我停了機器，小心翼翼打開栓子，冒出一股臭氨氣。然後，我打開蓋子。天使保佑！油漆平滑流動而完全正常，如灰燼中復活的火鳳凰。我以正確的公司術語寫出報告，得到加薪。我那腳踏車並獲得兩個新輪胎，以示嘉獎。

因倉庫中還有一些過於鹼性的鉻酸鹽原料，又不能退貨，氯化銨就正式訂定為添加劑以防肝化。不久，我就離職了。十年的戰後年代也過了，過分鹼性的鉻酸鹽早已從市場消失，我的報告如所有肉身從世界消失。但公式神聖如祈禱文、法令和古文字，一字都不能改。所以我那氯化銨：愛情與解放的雙胞胎，雖然如今毫無用處可能還有害，仍然在那湖岸邊很虔誠被磨入防鏽漆中。沒人知道為什麼。

硫
Sulfur

雖有面具，
也許有些漏縫吧，
他立刻聞到那骯髒、惡劣的臭味。
他想到神父也許是對的，
地獄有硫磺味。
每個人都知道，
連狗也不喜歡它。

　　藍查把腳踏車停進車架，打了卡，到鍋爐間，上好攪拌器，打開馬達。汽化石油精轟然點燃，噴出一團逆火。它開始低沉連續運轉。藍查半睡不醒坐在火爐前，火光跳躍映出他巨大背影在牆上舞蹈著，好像早期電影院。

　　半小時後，溫度計開始動了，針尖慢慢移到九十五度停住。這是正常的，因溫度計誤差了五度。藍查很滿意，他對這鍋爐、溫度計、這世界及自己都滿意，因所有該轉的都轉，因為只有他知道溫度計差五度。也許別人就會加火升到工作表要求的一百度。

　　所以，溫度計在九十五度停很久，然後再上升。藍查仍留在爐邊，暖暖的，瞌睡蟲又開始爬上來。他讓睡蟲侵入身體某些部分。但雙眼可不允許，一定要清醒看著溫度。

　　硫化雙烯可得小心處理，但此時一切正常，藍查舒服的休息著，半睡半醒，腦際間飄浮著思緒。房裡很熱，藍查想著家鄉的妻子、兒子、田園和酒店，以及酒店的熱氣和牛欄的臭味。暴雨後，水滴進牛欄。也許是從裂縫吧，因為所有的瓦片都是完整的（他復活節時才檢查過）。欄裡還可以再容一頭母牛，但……（思緒漸漸模糊掉了）。他每分鐘工作賺十里拉，呼呼的火和攪拌機似乎是他的搖錢樹。

　　藍查，爬起來！已經到了一百八十度，得打開爐子丟進B41。但還在叫它B41實在是個大笑話，整個工廠都知道它就是硫。戰時物資缺乏，很多人偷拿回家，賣到黑市給農夫灑到葡萄園。但老闆要這樣叫，就這樣叫吧。

他關掉火，停掉攪拌機，打開栓子，戴上防毒面具（感到像半鼠半熊）。B41已秤好裝在三個紙盒裡，他小心倒進去。雖有面具，也許有些漏縫吧，他立刻聞到那骯髒、惡劣的臭味。他想到神父也許是對的，地獄有硫磺味。每個人都知道，連狗也不喜歡它。倒完後，他把門關起來，一切再重新開始。

清晨三點，溫度到了兩百度，要抽真空了。他拉起黑把手，抽氣機尖銳的聲音就混入鍋爐低沉的哼聲，原指在零的真空計指針開始向左移。二十、四十，可以了。這時可以點上一根菸再休息一個鐘頭。

有人天生好命，有人注定歹命。他，藍查，注定日夜顛倒（他打個哈欠，弄點聲音作伴）。好像他們也猜到了，戰時，他們就推他半夜站到屋頂去射天上的飛機。

刷的一下，他跳起來，豎起耳朵，全身神經都抽緊。馬達聲突然慢下來，咳著，像被堵住了。壓力計指針已移到零還一點點向右移動。天呀，鍋裡正在增加壓力。

「關掉逃命。」「全都關掉，快逃。」但他沒跑。他抓把扳手，沿著真空管路一路敲。一定是塞住了，沒別的理由。敲，再敲，無效。馬達還在轉，指針已到了三分之一大氣壓力。

藍查覺得全身汗毛豎起，像憤怒的貓尾巴。那蹲在火上的醜八怪，紅熱倒毛刺蝟，簡直混蛋透頂。他氣極了，恨不得跳上去把它踢爛。拳頭緊握，頭皮發漲，藍查拚了命鬆開栓子。看，黃泥從縫裡冒出，鍋裡一定冒泡。藍查捽上門，感到天殺的慾望想打電話叫老闆，叫救火隊，叫老天趕來幫他。

　　鍋子承受不了壓力，隨時都會炸，至少藍查是這麼想的。如果在白天，或有旁人，也許他不會這麼想。但恐懼轉為憤怒，當憤怒慢慢消下來，腦袋就冷靜點。然後，他想起最顯而易見的事：他打開吸氣扇活門，啟動它，關掉幫浦。因為搞對了，他鬆了口氣，他看到針回到零，像迷路羔羊回到羊群，然後再到真空的一邊。

　　他扭頭張望，全身發酥想大笑，想找人告訴這事。他看到地上的一根香菸已變成一條長灰，它自己燒的。五點二十分，天快亮了，溫度計指到二百一十度。他從鍋中取點樣品，讓它冷卻，用試劑檢驗，試管有幾秒鐘的清澄，然後變成乳白色。藍查關掉火，停掉攪拌機和風扇，打開真空閥，聽到長長的嘶聲，逐漸轉成沙沙聲，最後是低語直到沉默。他鎖上虹吸管，打開壓縮機，在一陣白色臭氣中，濃稠的樹脂液流進採集盒，形成一盒亮黑的鏡子。

　　藍查走到大門去和卡敏相會，他正進來。他告訴他說一切正常，交與他工作表，然後給腳踏車打氣。

鈦
Titanium

櫃子如此乾淨，

如此潔白，

幾乎不能不摸它。

「為什麼這麼白？」男人也想了一會兒，

好像這問題很難，

然後用深沉的聲音回答：「因為這是鈦。」

致費麗絲‧范廷諾

在廚房裡，有個很高的男人，穿著的方式是瑪麗亞從來沒見過的。他頭上戴著一個報紙摺的船，抽著菸斗，正在把櫃子漆成白色。

真不可思議，那麼多白色怎麼從這麼小的罐子出來，瑪麗亞想過去看看裡面。每隔一陣，那人把菸斗放在櫃子上，開始吹口哨，接著又唱歌。每隔一陣，他退後兩步瞇起眼看看，有時他會走開吐口水到垃圾桶，然後用手背擦嘴。總之，他做很多新鮮事，留在那兒看他很有趣。當櫃子變白，他提起桶子和地上的許多報紙，移到碗櫥旁，把它也漆白。

櫃子如此乾淨，如此潔白，幾乎不能不摸它。瑪麗亞過去櫃子那裡，但男人注意到，說：「不要摸，一定不要。」

瑪麗亞驚奇的停住，問：「為什麼？」男人回答道：「因為不應該去摸。」瑪麗亞想想，再問：「為什麼這麼白？」男人也想了一會兒，好像這問題很難，然後用深沉的聲音回答：「因為這是鈦[1]。」

瑪麗亞感到害怕，打了個寒顫，就像在那童話故事裡，你走到吃人魔面前時一樣。她仔細看看，男人手上和附近都沒有刀，但他可能藏起來。然後她問：「切我什麼？」——此時，他大可以說：「切妳的舌頭。」但他只說：「我什麼也不切，這是鈦。」

1　英文版譯注：瑪麗亞把「鈦」（titanium）聽成義大利文 "Ti taglio"，意思是「我切你」。

　　總之，他一定是個很厲害的傢伙，但他好像沒生氣，而且好脾氣，很友善的樣子。瑪麗亞問他：「先生，你叫什麼名字？」他回答：「費麗絲。」他沒把菸斗拿出嘴巴，他說話時，菸斗上、下抖動著，但沒掉出來。瑪麗亞安靜站在那裡，一會兒看看男人，看看櫃子。她不滿意那回答，想要問他為什麼叫費麗絲，但她不敢問，她記得小孩子不可以亂問。她的朋友愛麗絲是個小孩，所以真奇怪，一個大男人竟叫費麗絲。但慢慢的，她覺得那男人叫費麗絲很自然，事實上她想他不可能叫其他任何名字。

　　櫃子漆得這麼白，所以廚房其他地方看起來又黃又髒。瑪麗亞認定走過去仔細看看沒什麼錯，只是看看，不碰的。但當她踮起腳尖時，突然一件可怕的事發生了。男人轉過身，只兩步就到她身邊；他從口袋拿出一枝粉筆，在瑪麗亞四周畫了一個圓圈。然後他說：「妳一定得留在裡面。」之後，他劃根火柴點燃菸斗，歪扭嘴巴做了好幾個鬼臉，重新去漆櫥子。

　　瑪麗亞蹲下來仔細看那個圈圈好久，終於相信絕對沒有出路。她試著用指頭擦掉一點，粉線真的消失。但她很清楚那人一定以為這是賴皮。

　　圈圈顯然有魔力。瑪麗亞安靜坐在地板上，每隔一陣她試著伸腳尖去碰線，身體向前傾得快失去平衡。但不久她知道還要一隻手的距離才碰得到櫃子或牆壁。所以她只能坐在那兒，看著櫥子、椅子、桌子全變成美麗的白色。

　　很久以後，男人放下刷子和油漆桶，從頭上拿下報紙帽，這時你可以看到他也有頭髮。然後他走出陽台，瑪麗亞聽到他在

隔壁翻東西，到處走來走去。瑪麗亞開始叫：「先生！」先是小聲，然後大聲點，但不是太大聲，因為實際上她怕男人聽到。

　　終於，男人回到廚房，瑪麗亞問：「先生，我現在可以出來了嗎？」男人低頭看著圈圈裡的瑪麗亞，大笑，說了一堆她聽不懂的話，但他似乎沒生氣。最後他說：「是的，妳當然可以出來。」瑪麗亞沒動，困惑的看著他。然後男人拿起一塊抹布小心擦掉圈圈，解除掉魔力。當圈圈消失，瑪麗亞起來跳著走開，她覺得很高興很滿足。

砷
Arsenic

從冷凝管末端，

黃金色的酸，

如寶石般一滴一滴流出來。

每十滴賺一里拉。

同時，

我一直想著砷和老人的事。

他看來不像會毒害別人，

我實在想不透。

　　這顧客看起來奇怪。我們卑微而活躍的實驗室，化驗各種不同東西，各色人都來，男的、女的、老的、少的都有，但看起來都是工商人士。任何做買賣的都很容易認出來，他們有雙銳眼，嚴肅的臉，他們怕被騙或考慮騙人，像黃昏的貓一般機警。那是一種傾向摧毀靈魂的行業。有哲學家做朝臣，有哲學家磨眼鏡片，甚至做工程師；但是據我所知，沒有哲學家是店東或大盤商。

　　愛密羅不在，由我來接待他。他可能是個農夫哲學家：是個健康的老頭，一雙粗手因工作和關節炎而略彎。雖然眼垂下已有眼袋，但雙眼有神。他穿著背心，小口袋垂出錶鍊。他講皮埃蒙特方言，這馬上讓我不安：用義大利話回答方言是不大禮貌，這馬上把自己放到了籬障的另一邊，在貴族的一邊，在有地位的一邊，在與我同姓而有名的李維所說的「Luigini」一邊[1]。而我的皮埃蒙特話雖然音調正確，卻太正式而禮貌，聽來不真實，不像是祖傳，倒像是從文法字典苦學來的。

　　於是他用帶著機敏亞斯提腔調的流利皮埃蒙特話告訴我，他有一些糖想要化驗。他要知道那是不是糖，或裡面是否有「穢物」？什麼穢物？我解釋說，如果他能對他的可疑物，更精確加以說明，會對我們的工作很有幫助。但他回答他不想影響我，我盡量去做，以後他會告訴我他懷疑什麼。他留下一紙袋，裡面

1　英文版譯註：即有地位、聽話的中產階級。「同名而有名」是指作家卡羅・李維，他在他的書《錶》（*The Watch*）中談中產階級的社會地位，很有意思。

大概有半公斤糖，說第二天再來，再見，走了。他沒乘電梯，走下四層樓梯。看來是一個不急不躁的人。

我們沒很多顧客，還沒做什麼化驗，也沒賺多少錢。所以我們買不起現代快速儀器，我們的方法緩慢，連個招牌都沒有，惡性循環帶來更少的顧客。這些樣品對我們的營養可助益不少。愛密羅和我小心翼翼不讓顧客知道，一般只要幾公克就夠分析了，我們很願意收下一公升酒或牛奶，一公斤通心粉或肥皂。

但從客人說的病歷，即那老人的懷疑，盲目吃這糖恐怕不安全。我把一點糖溶在水裡，它是混濁的。顯然有問題。我秤了一公克的糖放到白金坩堝裡，在火上加熱。先是一陣有家庭小孩味的焦糖，但馬上接著火焰變藍灰色，氣味也不一樣，是金屬的，無機的氣味（事實上，是反有機）：一個化學家沒有嗅覺就麻煩了。至此，不太可能弄錯了，就過濾它，酸化它，從氣體發生器讓硫化氫通過溶液。我們得到黃色的硫化砷沉澱。一句話，這裡面有很毒的砒霜，故事中米提達王及包法利夫人的砒霜。

那天剩下的時間，我花在蒸餾丙酮酸，心裡思索著老人的糖。我不知道現在怎麼製備丙酮酸；那時，我們是在搪瓷鍋裡熔化硫酸和蘇打，以得到硫酸氫鈉，然後在磨咖啡機裡磨固化的硫酸氫鈉，再把它和酒石酸混合，共熱到攝氏二百五十度，後者脫水成丙酮酸，然後蒸餾而出。最初，我們試著用玻璃蒸餾器，爆了無數個。後來從收舊貨那兒，買了盟軍剩餘物資的十個汽油罐。在 PE 瓶出現之前的那種汽油罐正合我們所需。顧客似乎滿意我們的產品，答應訂更多貨。我們就砸下一筆錢，找鐵匠訂做

一個圓柱鐵筒反應槽，裝上一個手搖攪拌器。我們把它四周包上磚塊，上下左右安裝了四個一千瓦的電阻器。電源非法從電錶外接。如果專業同行讀到這裡，他不應對這種破爛攤式的化學太驚訝。經過六年的大戰，我們都不大文明，非絕對必要的設施都免了。我們不是唯一少數如此搞法的化學家。

從冷凝管末端，黃金色的酸，如寶石般一滴一滴流出來。每十滴賺一里拉。同時，我一直想著砷和老人的事。他看來不像會毒害別人，我實在想不透。

老人第二天來了。還沒知道結果前，他堅持先付錢。當我報告結果，他臉色一亮，帶著皺紋的微笑告訴我：「我很高興，我總說有這麼一天。」顯然，他有個故事等著我來問。我沒讓他失望，下面是他的故事，從皮埃蒙特方言轉錄下來，可能有點失真。

「我是個鞋匠。如果年輕就開始做這行業也不錯。坐著，不必太辛苦，可以遇見很多人。當然發不了財，成天手上拿著別人的鞋，但你會習慣老皮的氣味。我的店在喬伯提街，在那兒做了三十年。我是第二區的鞋匠，知道那區所有的毛病腳，我的工作只需要鎚子和麻線。之後來了個年輕人，不是本地人，高個兒、英俊、有志氣。他在一箭之遙開了家店，都是機器，可以拉長、放大、縫、鎚，還有天曉得的什麼其他玩意兒──我從不過去看，他們和我說的。他的名片上有地址、電話，丟到每家信箱裡；是的，先生，還有電話，好像接生婆。」

「你一定以為他的生意馬上就很好。第一個月是很好──有

點出於好奇，有點要讓我們彼此競爭，有些客人過去了，而且是因為開始時他把價錢故意壓低。但後來他看賠本，就把價錢拉高。我說這些對他並沒惡意，他這樣子的我見多了，起頭衝天，後來摔斷脖子，不管是不是鞋匠都是如此。但別人告訴我，他對我有惡意，他們告訴我每樣事，你知道是誰？老太婆們。她們腳痛，也不愛走路了，只有一雙鞋。她們來我這兒——坐下等，同時讓我知道一切詳情。」

「他對我有惡意，到處向人說我壞話，說我用硬紙板做鞋底，說我每晚喝醉，說我讓老婆早死好收保險金。說釘子從客人鞋底穿出去，那人死於破傷風。所以事到如今，有天早上在鞋堆裡找到這包東西，我也不太驚訝了。我立刻看穿這把戲，但我要把事情弄清楚，所以拿一點給貓吃，兩小時後牠到角落去吐。然後我們放一點到糖碗，昨天女兒和我用來泡咖啡，兩人都吐。現在有你的確認，我很滿意。」

「你要去告發嗎？要不要證明信？」

「不，不。我告訴過你，他只是個可憐蟲，我不想毀了他。這行業的天地很大，每人都有容身之地，他不知道，我可知道。」

「那麼？」

「那麼明天我將讓一個小老太婆把包裹送回去，附封信。事實上，不——我想我要自己帶去，這樣可以看看他有什麼表情，說他兩、三下。」他像參觀博物館一樣四下看看，然後接著說，「你這也是個好行業，需要好眼力和耐力。如果缺這些，最好找別的事。」

他說了再會，提起包裹，不搭電梯安詳的走下去了。

氮

Nitrogen

尿酸占鳥糞的百分之五十。

那是個大雜燴：糞、土、砂、飼料、羽毛和寄生蟲。

總之，

付了一筆不算少的錢，

在泥糞裡弄了半天，

太太和我那晚騎車沿著公路，

帶著一公斤的汗水和雞糞回來。

終於來了我們夢寐以求的顧客，他要我們做顧問。顧問是種理想的工作，那種不需弄髒手、折斷腰、烤自己、毒自己，而有錢有名氣的工作。你只要脫下實驗衣，打上領帶，安詳的聽問題，然後你將有宛若阿波羅神諭的感覺。接著你必須小心回答，用語模糊複雜，讓顧客真以為是神諭，並感到化學家公會訂的價錢值得。

這個理想顧客大約四十出頭，矮胖結實，他留著克拉克蓋博式的小鬍子，全身是黑毛——耳邊、鼻孔、手背、指頭背幾乎到指甲。他擦香水、塗髮油，有股流氣。他看起來像老鴇，或一個演老鴇的三流演員，或像市郊貧民區來的混混。

他解釋他是家化妝品工廠老闆，他們某種口紅品質出了問題。好，那拿些樣品來吧；不，他說，是個特別的問題，得當場檢查才行。最好我們之中有一個人過去看看是什麼問題。明天十點？好吧。

開車子過去會很神氣，但當然，若你是個有車的化學家，而不是個從集中營回來的可憐人，業餘作家，還剛結婚，你就不會在這兒流汗追逐那做口紅的。我穿上我最好的西裝，並想最好是把腳踏車留在一條街之外，讓他們以為我坐計程車來的。等到了工廠，我知道這些地位的顧慮都沒必要。工廠是個裝很多通風機的倉庫，亂七八糟加骯髒，有一打又懶又髒但濃粧豔抹的女工晃來晃去。老闆介紹了工廠，顯得驕傲神氣，他叫口紅「rouge」[1]，

---

1 譯註：是法文「紅」的意思。

苯胺是「anelline」，苯甲醛是「adelaide」[2]。工作程序簡單：一個女孩把某種蠟和油，溶化在一個普通搪瓷盆裡，加點香料和顏色，倒進小模子。另一女孩用流水冷卻模子，然後倒出二十根小的猩紅口紅棒，其他女孩負責組合包裝。老闆粗魯抓了個女工，手放在她脖子後押她靠近我，要我仔細看她嘴唇邊緣。你看，才擦了幾小時，口紅就擴散，它沿著細小皺紋（即使年輕女孩也有皺紋）滲入，成了一團醜陋的紅絲，模糊了嘴唇上口紅的形狀，破壞了整體效果。

　　我不無困窘的仔細看，嘴唇邊緣的確有紅絲，但只有右半邊有。檢查時，她嚼著美國口香糖呆板的站在那兒。老闆解釋說，她和其他所有女孩的左半邊嘴唇是塗高級法國口紅，也就是他要模仿的牌子。口紅只能用這種直接的方法比較。每天早晨，所有女孩都擦口紅，右邊是他工廠的口紅，左邊是別家的口紅。他每天吻所有女孩子八次，看看口紅是否「抗吻」。

　　我問那混混要他口紅的配方，他和別人的樣品各一份。一看那配方，我馬上就懷疑哪裡出了毛病，但覺得還是小心點確定後再說。我要求用兩天的時間來「分析」。我找到腳踏車，回去時想，如果這生意搞得好，我也許可以換台摩托車騎。

　　回到實驗室，拿張濾紙，我點上兩個樣品，把它放進攝氏八十度的烤箱。十五分鐘後，左邊的口紅還是一個點，但右邊口紅的點，散開成銅板那麼大的粉紅暈輪。在那老闆的配方裡，

2　譯註：都是法文，故作有教養狀。

有個可溶性的顏料，顯然女人的體熱（及我的烤箱）把油溶化後，顏料就跟著油擴散。而另外的口紅一定含一種分散平均，但不溶解的顏料，所以不會擴散。我為了確定，用苯稀釋後，再以離心加速機操作，在試管底端果然有那不溶的紅顏料。借重我在湖邊工廠的經驗，我能指認它，那是一種不容易分散而且昂貴的顏料。我那混混沒有適當的儀器去分散它。好，那是他的問題，他自己去想辦法，他及那一群天竺鼠女工大隊，還有他那噁心的吻。我已完成我的服務，寫好報告，附上帳單、發票和那濾紙，回到工廠，交出去，收了錢，準備說再見。

混混留住我。他滿意我的工作，想和我做個交易。我能不能幫他弄幾公斤阿脲（alloxan）？他會付好價錢，只要我答應供貨給他。他在雜誌（我不記得什麼雜誌）上讀到阿脲接觸到黏膜，會賦予其一層很耐久的紅顏色，因為它不像口紅是塗上去的，而是像用在棉、毛的真染料。

我吞吞口水，為了謹慎，我說我們要研究一下，阿脲不是一個常見有名的化合物，我以前的化學課本，大概不會花超過五行字描述它，那時我只模糊記得它是由尿素做出來的，和尿酸有關。

我立刻飛奔到圖書館，我是指尊貴的杜林大學化學系圖書館，那時它就像麥加，異教徒不准進入，連我這種信徒也很難進去。行政當局遵守的英明原則是貶抑科學藝術：只有那種有絕對需要，有燃燒求知慾的人，才會願意接受這樣的犧牲考驗，去讀書、查書。圖書館開放的時間很短又不定期，光線黯淡，卡片混

亂，冬天沒有暖氣，沒有椅子只有凳子！最後，圖書館員是個無能又無禮的醜八怪，坐在門口，用他的臭臉和狂吠嚇阻想進去的人。通過考驗後，我被放行，我立刻溫習了一下阿脲的成分和結構。這兒是它的結構式：

$$O=C\begin{matrix} HN \\ \\ O=C \end{matrix}\begin{matrix} \\ \\ C \end{matrix}\begin{matrix} NH \\ \\ C=O \end{matrix}$$

O是氧，C是碳，H是氫，N是氮。這圖很美麗，是吧？它讓你想到一個穩固的架構。事實上，化學和建築一樣，是「美」的架構——對稱、簡單，也是最堅固的。總之，教堂圓頂和橋梁拱弧的道理，和化學結構相似。很可能它的解釋也不冷僻，不必是玄祕的。「美麗」意指「可欲的」，自從人類建築以來，即要建得又穩又便宜又美。當然，不是一直如此，曾有一段時間，「美」被看成是「裝飾」，外加的矯飾。但很可能這些是脫軌的年代。真正的美，每世紀都承認的美，是在石柱、船殼、斧刃和機翼上找到的。

　　辨識、欣賞了阿脲的結構美之後，我這愛離題的化學人該回頭辦正事了，就是搞物質賺錢養家活口。我開始在架上查詢《化

學摘要大全》（*Chemisches Zentralblatt*），它是期刊中的期刊，
從有化學學科以來就有了，它報導全世界每年化學報告的內容
摘要。第一年只有薄薄的三、四百頁，現在每年它有十四冊，
每冊一千三百頁。它有完善的作者索引、化學式索引和公式索
引。你可利用它找到那些偉大的經典，像有名的維勒（Friedrich
Wöhler）第一次有機合成[3]的傳奇性報告，或德維爾（Sainte-
Claire Deville）描述第一次分離金屬鋁。

　　我從《化學摘要大全》移到《貝爾斯登百科》（*Beilstein*），
一部同樣偉大的百科，它始終跟隨著時代的腳步。這百科書記載
所有的新化合物和它合成的方法。阿脲被發現已七十年了，但一
直是個沒有用的東西。它製備的方法有學術價值，但原料太貴
（戰後的年代），實在找不到市場。唯一可行的是最古老的方法，
看來不難做，方法是氧化尿酸，那是一種和痛風、膀胱結石有關
的物質。這可是不尋常的原料，但也許並不貴。

　　事實上，後來的資料查詢，讓我學到，尿酸在人和哺乳類
動物排泄物中很少，但它占鳥糞的百分之五十，爬蟲類排泄物
的百分之九十。好，我打電話給混混告訴他可以搞。只要給我幾
天的時間，到月底前我會帶第一批阿脲的樣品給他，告訴他要花
多少錢，每月產量多少。一種將要美化女士唇部的物質，居然來
自雞和蛇的糞便，這一點也沒讓我不舒服。化學這行業（在奧茲
維茲的經驗更使我相信）教你要克服、忽略某些不必要或天生的

3　譯註：由無機化合物做出尿素。

禁忌。物質就是物質，既不神聖也不下流，可以無限轉化，它的來源不是很重要。氮就是氮，奇蹟似從空氣跑到植物，從植物到動物，從動物到我們。當它在人體內的功能完了就排出去，但它仍是氮，無菌無害。我們哺乳類通常獲得水並沒問題，而且已學會把氮變成尿素分子，它可溶在水裡然後排出體外。對其他動物（或對其祖宗）來說，水寶貴得多，於是牠們想出聰明的辦法把氮變成尿酸——它不溶於水，而且以固體排出，就不必以水當介質。同樣道理，今天我們也把都市垃圾壓成塊狀，然後掩埋或丟棄。

再多談一點：從糞便弄出化妝品，也就是「糞便變黃金」（aurum de stercore），這主意一點沒讓我反感，反而讓我感到溫暖，感到回到源頭，那時煉金術士從尿提煉磷。那是個空前的、愉快而崇高的冒險，因為它化腐朽為神奇。大自然就是這樣，蕨類的高雅來自森林的腐敗，牧草來自大糞。「大糞」的拉丁文是 laetamen，而 laetari 不就是「歡樂」的意思嗎？那是他們在中學教我們的。那晚我回家告訴太太尿酸和阿脒的故事，並說第二天我要出差，也就是，騎車去城外農場（那時還有）找雞糞。她毫不遲疑，她喜歡鄉下，而妻子應跟隨先生；她將和我一起去度我們因窮和忙沒能好好度的蜜月。但她警告我不要期望太高，找純雞糞並不容易。

事實上，的確很難。第一，pollina——鄉下人這麼叫，我們本不知道，因為有高氮成分，是很值錢的花圃肥料。所以雞糞不能自給，它很貴。第二，買的人得自己爬到雞窩下面去拿。第

三，你當場蒐集來的東西可以立刻當肥料，但做其他用途都不方便。那是個大雜燴：糞、土、砂、飼料、羽毛和寄生蟲。總之，付了一筆不算少的錢，兩人在泥糞裡弄了半天，太太和我那晚騎車沿著公路，帶著一公斤的汗水和雞糞回來。

第二天，我檢查那東西，裡面有一大堆砂子，但也許能得到一些東西。但同時我有個主意，那時在杜林地下鐵展覽廊正好在展覽蛇。為什麼不去看看？蛇是乾淨的動物，既沒毛又沒蝨子，牠們不在泥巴裡亂爬，而且一條蟒蛇比雞大多了。也許，從有百分之九十尿酸的蛇糞中，可以大量而方便得到純尿酸。這次是我一個人去，身為夏娃後代的妻不喜歡蛇。

主任和很多工人簡直是錯愕而不屑的接待我。我的資格是什麼？從哪裡來的？我是哪號人物，敢上門就要蛇糞？不行，一公克都不行。蛇是節儉的動物，牠們一個月吃兩次，不活動時更少。牠們的糞便和黃金一樣貴。而且，蛇的主人都和大藥廠有永久合同。所以請出去，少浪費我們時間。

我花了一天時間挑雞糞，又花兩天時間試著把糞中的尿酸氧化成阿脲。以前化學家的德行和耐心一定是超人的，或者該說我在有機化學製備上的無能也是超等的。我得到的只有臭氣、無聊和一些黑巴巴的液體，什麼晶體也得不到（書上說有晶體）。糞便仍是糞便。而，阿脲和它好聽的名字仍只是好聽。那不是爬出沼澤的法子：我，一本自認寫得很好但沒人讀的書的作者，要從哪條路爬出去？最好回頭搞我的無色彩但安全的無機化學。

錫

Tin

氯化亞錫是活潑的還原劑，

抓到機會就想丟掉身上的兩個電子，

只要滴兩滴這玩意的濃縮液到褲管上，

褲子就穿孔了。

這時剛終戰，

家裡沒錢，

我窮得只有一條褲子……。

　　沒錢真可憐，我邊想邊拿著一塊錫在瓦斯焰上燒著。錫慢慢熔化，滴到水盆裡去，在盆底糾結成奇形怪狀。

　　有些金屬友善，有些金屬兇惡。錫是朋友──不只是因為好幾個月以來，愛密羅和我靠它吃飯，把它變成氯化亞錫，賣給做鏡子的。還有更深奧的原因：因為它和鐵結親，變成溫和的錫器，使鐵失掉暴烈的性格；因為腓尼基人曾從事此金屬的交易，直到今天它仍在遙遠如夢中的好國度（也就是麻六甲海峽快樂的松達群島）提煉、加工，再運送過來；因為它可和銅形成青銅合金──可敬的金屬，非常耐久；還有因為它像有機化學物容易在低溫熔化──幾乎像我們一樣；最後還因為教科書代代相傳的兩個名詞──哭錫和錫病，雖然人眼從沒見過。

　　先得磨碎錫，這樣它和鹽酸反應比較容易。這是你自找的。你本來安穩在湖邊工廠的羽翼下活著，雖是被剝削，但總有巨翼保護。好，你翅膀硬了，決定自己飛了，你自找的。好啦，飛吧，你要自由就自由吧，你要當個化學家就當吧。你懂得飢餓的滋味，如不想餓肚子，那麼就在那些毒藥、口紅、雞糞裡掘吧。磨碎錫，倒鹽酸，濃縮，過濾，結晶，還有買錫和賣氯化亞錫。

　　愛密羅在他爸媽的公寓裡隔出間實驗室，他的雙親是虔誠、魯莽而堅忍的老人。當然，當臥房讓他占據時，他們全沒想到後果，但事情已回不了頭了。現在，走廊上堆滿濃硫酸，廚房爐子（煮飯時間除外）用來濃縮六公升燒瓶的氯化亞錫。整間公寓充斥著我們製造出來的臭氣煙霧。

　　愛密羅的老爸是個莊嚴高貴的老好人，有著白色八字鬍和

宏亮的聲音，一輩子幹過很多奇奇怪怪的冒險行業。七十歲了，他還很喜歡從事各種嘗試。那時他獨占市立屠宰場的牛血生意。白天，他耗在一間骯髒的地窖中，牆上的乾血呈褐色，地上是腐爛的汙物，巨如兔子的老鼠跑來跑去，甚至連他的帳本和發票都沾著血。血用來做血香腸、黏膠、油炸餅、油漆和亮光膏。他只讀從開羅訂購的報紙、雜誌。在那兒他住了多年，生了三個兒子，用槍保衛過遭暴徒攻擊的義大利領事館。他始終思念那個地方。每天他騎車去巴拉佐市場買藥草、高粱粉、花生油和地瓜。用這些材料和牛血，他每天發明他的新菜。他大肆吹噓，還要我們嚐。有一天，他帶回一隻老鼠，切掉頭和腳，騙老婆說是天竺鼠，叫她烤。他腳踏車車鍊沒擋泥板，背也硬，所以早上他就用夾子夾住褲腳，整天都不拿下來。他和老婆——可愛而處變不驚的愛斯特女士，接納了我們在他家裡設置的實驗室，彷彿廚房放著強酸是世上最自然的事。我們用電梯把酸搬到四樓，愛密羅老爹看來如此氣派莊嚴，沒有房客敢囉唆。

　　我們的實驗室像個舊貨攤，除了東西氾濫到走廊、浴室、廚房外，實驗室還包括一間單人房和陽台。陽台上散放著愛密羅買來的 DKW 摩托車零件。他說，哪天要把那部車拼裝回去；它深紅色的油箱放在欄杆上，引擎被我們的鹽酸氣腐蝕著。我來之前，還有幾桶氨氣，以前愛密羅曾把氨氣溶進自來水來賣，把鄰居臭死。到處都是破爛貨，舊得幾乎不能辨認。只有仔細分辨，才能看出是家用品還是職業用物品。

　　房間中央有個大的木製抽氣櫃。鹽酸氣並不真毒，幾公尺

外就明明白白刺鼻，防身不難。只要吸它一口，鼻子就可噴出兩口白煙，像蘇聯導演愛森斯坦（Sergei Eisenstein）電影裡的馬，同時牙齒感到像咬到檸檬，酸得不得了，這臭味絕對錯不了，一般人早逃之夭夭。雖然有抽氣通風櫃，酸霧仍穿堂而過，壁紙變色，門把也鏽了。三不五時，牆上釘子折斷，一幅畫就轟然掉下。愛密羅就再把它釘回去。

我們就這樣把錫溶在鹽酸，再濃縮、冷卻結晶成氯化亞錫。它是小片、漂亮、無色透明的晶體。因為結晶很慢，要用很多容器，而鹽酸腐蝕所有金屬，容器一定得是玻璃或陶瓷。有時需求量很多，就得動用所有備用容器。他家派上場的可就多了：湯盆、琺瑯壓力鍋、藝術燭台和尿壺。

第二天早上，收產品時就得小心，手別碰到產品，不然你一整天都臭氣衝天。氯化亞錫鹽本身無味，但和皮膚起反應，也許會還原蛋白質中的雙硫鍵，留下的金屬臭味，有好幾天可以一直向人宣告你是位化學家。它衝鼻而微妙，像個打球不認輸的傢伙一直嘀咕著，只有等它自然風乾消失。如你稍熱它一下——用吹風機或熱水爐，它就失去結晶水，變成不透明的白粉，而那些笨客人就不要了。其實少了水分多了錫，價值更高。但顧客永遠是對的，尤其是不懂化學的顧客。做鏡子的就是這些人。

錫的寬容本性，在它的氯化物內全不存在（順便一提，氯化物多半是廢物，會吸水，只有桌上的食鹽——氯化鈉除外）。這氯化亞錫是活潑的還原劑，抓到機會就想丟掉它身上的兩個電子。有時有災難性的效果，只要滴兩滴這玩意的濃縮液到褲管

上，褲子就穿孔了。這時剛終戰，家裡沒錢，我窮得只有一條褲子……。

要不是愛密羅老是鼓吹自由業的好處，我絕不會離開湖邊工廠，會留在那兒一輩子解決油漆的問題。離職時帶著荒謬的自信，還分發上司同事一封四行詩寫成的愉快宣言。我相當了解我所冒的險，但也知道老，冒險的資格就愈少。想冒險的人得趁早。但另一方面，也得及早了解錯了就是錯了。我們每個月底結帳，我逐漸看清了人不能靠氯化亞錫活，至少我不能。我剛結婚，家裡沒祖產。

我們並沒立刻投降。那整個月我們絞盡腦汁，把丁香酚變成香草精來過活。沒有成功。我們又像奴隸般製造幾百公斤的丙酮酸。那以後，我豎起白旗。得再找個工作，即使爬回去做油漆。

愛密羅像個男子漢，雖然悲傷，卻接受我的脫逃。對他而言，可不一樣。他血中有乃父之風，海盜之種，貿易商之氣，永遠追尋新奇。他不怕犯錯、改行、遷地、變換生活，也不怕變窮、變身分地位，更不怕騎三輪車到處去送貨。他接受了，第二天心中就有了新的點子，要跟比我更有經驗的人打交道。我們立刻著手拆實驗室。他甚至不是那麼傷心，我卻像隻對月悲號哭泣的狗。我們在他雙親幫助（或者說是幫倒忙）下，開始悲情的拆卸工作。家中好多年找不到的東西出現了，還有埋在某處的一些稀奇玩意：點三八機槍的槍栓（愛密羅打游擊時候用的）、可蘭經、一個很長的瓷菸斗、一把鑲銀把的劍、一大堆發黃的紙張，最後還冒出一個奇物──我趕快收了起來。那是一張 1785 年安

科納區宗教法庭庭長 F・湯・羅侖佐・麥特西所發布的命令，語意模糊，針對身家不白之人：「命令，禁止，嚴令，任何猶太人不得向基督徒學習任何技藝，尤其不可學跳舞。」我們把最痛苦的拆抽氣櫃留到第二天。

　　雖然愛密羅以為沒問題，但我們很快就明白努力得不夠。我們辛辛苦苦召來幾位木匠，叫他們設法把抽氣櫃完整從基座抬起。這麼說吧，這櫃子是這行的象徵，是個藝術品，應完整保留在後院，以備他日之用。

　　我們搭了座鷹架，架起絞輪滑車。愛密羅和我站在後院觀看葬禮。櫃子從窗戶莊重送出，麥森那街的灰色天空襯托出它清晰的輪廓。它綁上鍊子，鍊子呻吟一下，斷了。櫃子從四樓轟然而下掉到我們腳邊，摔成一堆碎木與玻璃，我們企業的意志和勇氣也跟著碎了。

　　出於自衛本能，我們向後跳開。愛密羅說：「我還以為聲音會更響亮一點。」

鈾

Uranium

有一個寄給我的小包裹，

裡面有一小塊金屬，

表面是銀白的，

帶點黃色。

不覺得熱。

也許是個合金？

也許真的是鈾？

這麼一小塊不會永久發熱。

也許像房子那麼大一塊才熱得起來。

　　不是每個人都可以做顧客服務（Customers' Service, CS）部門的工作。這工作微妙複雜，和外交官差不多。要成功一定要對顧客灌輸信心，所以自己一定要有信心，對產品要有信心。這是個有益的工作，會認識自己、培養性格。這可能是化學工廠裡最衛生的專長，訓練你說話和應變能力，況且你可以到全義大利和世界旅行，認識很多人。我必須提到它的另一個好處：你假裝喜歡並尊敬別人，從事這行幾年後，你就真的喜歡並尊敬別人了。就像有人長期裝瘋真的就瘋了。

　　在大多數狀況，你得先爭到據高點，但要很安靜優雅去爭，不要嚇到顧客，不要倚老賣老。他要覺得你高明，只高一點但可以溝通。絕對不要和非化學家談化學，這是本行的入門守則。但反面的危險更嚴重：顧客爬到你頭上。這很容易發生，因為是在他地盤上玩；也就是說，他用你的產品，所以像妻子對丈夫一樣了解優點和缺點，而你通常只有不痛不癢、樂觀的、來自實驗室的了解。最好的辦法是，你以施惠者的身分告訴他，你的產品解決他早就有（也許忽視了）的需求，到年底結算，你的產品要比競爭者便宜，而你知道對手的東西起初是不錯，可是，我不想多說了。你也可以用許多方式幫助他（這裡可顯示你 CS 的功力），譬如解決一個和你本身無關的技術問題，介紹他人，請他上餐館，帶他逛街買禮物送女友或妻子，或幫他臨時買當地球賽的門票（對，我們也幹這種事）。我在波隆納的同行還蒐集黃色笑話，在出發推銷前努力複習一番。他記憶不好，所以弄個記事本，記下和誰講了什麼笑話，因為重複笑話是嚴重的錯誤。

所有這些都是從經驗學來的，但有人天生就是技術推銷員，像雅典娜就是天生的 CS。我不是這樣，這點我很難過也很清楚。當我必須做 CS 時，不管是在公司或出差，我總遲疑、推拖，做得沒有生氣。更糟的是，對無禮、無耐心的顧客我就沒禮、沒耐心。對溫和而心軟的供貨商（此時他是 CS），我就溫和而心軟。總之，我不是 CS 的料，恐怕現在要成為一個 CS 也太晚了。

塔巴索對我說：「去找波尼諾，他是那部門的主管。他人不錯，知道我們的產品，一切都很好，他不是天才，我們有三個月沒去看他了。你不會有什麼技術性問題。如果他開始談價錢，你就告訴他你會回來報告，那不是你的事……」

我出門去了，他們要我填表格，給我一張名牌別在翻領上，表明我是外客，以免被警衛趕走。他們讓我在接待室等，不到五分鐘波尼諾出現，帶我進辦公室。這是好預兆：有人為了壓抑別人，抬高自己身價，會故意讓 CS 坐等半小時。和動物園裡的猩猩用的伎倆差不多。但 CS 的策略技巧有個更好的比擬：異性追求。兩者都是一對一的關係，三人間的追逐是不行的。開始時，都有一番舞蹈動作，而只有賣方嚴格遵守傳統禮節，此時，買方才接受賣方，加入舞蹈，如互相滿意就結成連理，也就是購買。單方的暴力很少見到，若有也頗像性暴力。

波尼諾矮胖，不修邊幅，笑不露齒。我介紹自己，然後開始求偶舞蹈，但他立刻說：「啊，你就是那寫書的人。」我必須承

認我的弱點，這不尋常的開場白雖對公司沒有用，但它並不讓我不高興。事實上，此時談話可能離題，浪費公司的時間。

「那真是本好小說，」他繼續說，「我渡假時讀的，我也要太太讀，但小孩不行，可能嚇著他們。」這種意見通常讓我懊惱，但當角色是 CS 時，不能太挑剔。我文雅的謝了他並試著把話題拉回到訪問的目的：我們的洋漆。波尼諾繼續抵抗。

「你看我，我也差一點和你下場一樣，在科索厄爾巴珊諾，他們已把我關在軍營裡。突然，我看到他進去──你知道我指的是誰。後來，當沒人看到我，我便爬上五公尺高牆，跳到另一邊逃走。然後，我到蘇沙去參加巴多梁尼部隊 [1]。」

我從沒聽過一個巴多梁尼黨羽叫他巴多梁尼，我準備好自己，深吸一口氣，打算長期抗戰。顯然波尼諾的故事不會短。但我記得不知多少次，我自己也把故事強加到別人頭上，不管別人想聽還是不想聽。我記得《舊約聖經》〈申命記〉第十章十九節寫著：「你們要憐愛寄居的，因為你們在埃及地也做過寄居的。」所以我就舒適靠到椅背上，準備好好聽。

波尼諾不會說故事，他重複，沒有目標，離題又離題。此外，他有個壞習慣，省略句子的主詞，用代名詞取代，故事就更莫名其妙。當他講時，我張望他的辦公室，顯然他用了多年，因為看來和他一樣亂。窗子髒得可以，牆上都是黑灰，空中一股臭菸草味。牆上有生鏽的釘子，有些沒用，有些掛了紙。其他地

1　英文版譯註：1943年9月，墨索里尼垮台後，巴多梁尼將軍（Partigiani badogliani）支持國王所成立的軍隊。

方，你可以看到用過的刮鬍刀、球賽票、醫藥保險表、明信片。

「……所以他告訴我，我應跟他走，不，事實上走在他前面，他在後面用槍頂著我。然後另一個傢伙來了，他的同伴，在街角等他。兩人就押我到阿斯提街，你知道我的意思，去找史密特。他會一直不斷找我，說招吧招吧，你的朋友都招了，再玩英雄把戲沒意思了。」

在波尼諾桌上有個醜陋的比薩斜塔複製品，還有個貝殼做的菸灰缸，裝滿了香菸屁股和櫻桃核，還有個石膏筆筒。這是張不到 0.6 平方公尺的可憐小桌子。沒有一個 CS 不知道這悲哀的「辦公桌學」，也許不是有意識，而是屬反射思考。一張小桌子宣告這是地位低下的桌主。至於那上任已十天的辦事員，若還沒弄到張桌子，他就完蛋了：他就像沒殼的螃蟹，活不了多久。另一方面說，我知道有人退休時要丟一張七、八平方公尺的大桌子，顯然過分大，但充分表達他的權力。桌上放什麼並不重要。有人以亂七八糟堆滿東西的雜亂桌面表現其權威，也有人巧妙以空白乾淨表達其階位——據說，墨索里尼就是這樣。

「但這些人不知道我腰裡有把手槍。當他們開始對我用刑時，我掏出槍，令他們都面對牆站著。我逃走，但他……」

他，誰？我很困惑，故事愈來愈糾纏不清。時間流逝，雖然說顧客永遠是對的，但出賣自己的靈魂總有個極限，超過這個極限，自己就是在當笨蛋。

「……跑得愈遠愈好，半小時後，我到了里弗里區。我沿著路走，我看到田裡降落了一架德國飛機，史托克機，那種可以用

五十公尺跑道降落的飛機。兩個人出來，很有禮貌的問我去瑞士要怎麼去。我剛好知道這區域，馬上回答：一直往前，先到米蘭再左轉。他們說『謝謝』，回到機上。然後其中一人另有想法，在座位下摸索了一會兒，然後出來走向我，手上拿著個像石頭的東西。他拿給我說：『這是謝你的，好好照顧，這是鈾[2]。』你知道，那時已是戰爭尾聲，他們也知道要輸了，他們沒時間做炸彈，不再需要鈾。他們只想保命，逃到瑞士。」

　　我控制臉部肌肉的能力也有極限。波尼諾一定注意到我臉上懷疑的表情，因為他略帶惱怒停下，問我：「你不相信我？」

　　「當然相信。」我勇敢回答，「但真的是鈾？」

　　「絕對是。任何人都看得出來。它奇重無比，你碰它時是熱的。我還放在家裡，藏在後院，免得小孩碰它。偶爾我給朋友看看，它現在還是熱的。」他遲疑了一下，又說，「你知道我有什麼打算？明天我要寄給你一小塊讓你相信。既然你是個作家，也許有天你可以寫這個。」

　　我謝謝他，負責唱了我的戲，解釋我們的新產品，拿到一份大訂單，說聲再見，以為案子已經了結。但第二天，在我那 1.2 平方公尺的桌上，有一個寄給我的小包裹。我帶著好奇打開它，裡面有一小塊金屬，約半包香菸大，很重，

　　看來奇特。表面是銀白的，帶點黃色。不覺得熱，但它也不是我熟悉的金屬──銅、鋅或鋁。也許是個合金？也許真的是

2　譯註：鈾是製原子彈的原料。

鈾？我們從沒見過鈾，書上說它是銀白色，這麼一小塊不會永久發熱。也許像房子那麼大一塊才熱得起來。

我一找到適當的時間，立刻衝進實驗室裡，對一個CS來說，這很不尋常，還有點不應該。實驗室是年輕人的地方。回到那裡覺得再度年輕，同樣又渴望冒險和發現，那是新鮮的十七歲的感覺。當然，十七歲是很久以前的事了。而且，長久做個「準化學家」，讓你僵化、屈辱，忘了儀器、藥品放哪裡，除了基本化學反應，都忘了。但也因此，實驗室是個快樂、新奇的源泉，懷著各種可能性，屬於未來的地方。

但寶刀仍然未老，我還記得一些化學家的老招式：用指甲刮、刀削、聞它、掐它，試試看是否刮玻璃？看是否反光？在手上秤秤看。沒有天平很難估計比重，不過鈾的比重是十九，比鉛重很多，是銅的兩倍。那納粹飛行員給波尼諾的禮物不可能是鈾。我開始想像蘇沙出現幽浮的傳說，想像飛碟，中世紀的彗星使者等等。

但這既不是鈾，是什麼？我用鋸子鋸下一塊，放在本生燈的火焰裡。不平常的事發生了，一條褐色火焰升起，盤成螺旋。長期因停滯而萎縮的分析化學家反應這時甦醒了，一種懷舊的心情升起。我找到一個陶杯，加滿水，把它拿在冒煙的火焰上，杯底我看到熟悉的褐色沉積物。加一滴硝酸銀到沉積物上形成藍黑色，使我確定這金屬是鎘（cadmium），希臘神話中斬龍的卡得木（Cadmus）之子孫。

波尼諾在哪裡找到鎘不重要，也許是在他們的電鍍部門。比

較有意思且令人搞不懂的是他的故事從哪裡來？顯然是他創造的，因後來別人告訴我，他和別人說這故事很多次，從沒任何證明，細節則愈來愈荒誕無稽。顯然沒法追根究柢，但我仍在 CS 網路中為社會服務打滾，應付公司的各種問題。我羨慕他無限發明的自由，他已突破障礙，可自由自在打造自己喜歡的過去，為自己縫製英雄的衣服，然後像超人般翱翔於時空之間。

銀
Silver

用一百萬倍的稀釋液，

我們在兩個月以後得到豆形的白點。

我們複製了豆子效應，

結果真相大白：顯然有幾千個聚酚分子在洗衣時，

吸附到工作服的纖維裡，

然後落到底片上，

那就足夠產生斑點。

通常，看到油印傳單就會丟到垃圾桶，也不讀它。但這次我馬上就注意到，這是張慶祝大學畢業二十五年同學會的邀請函。函上用語使我陷入回憶。它用較親密的「你」而不是「您」，遣詞用字都是學生慣用的，似乎二十五年前的日子就在眼前。帶點滑稽味的信尾是：「……在重溫舊夢氣氛下，我們將慶祝我們跟化學的銀婚，互相敘述化學事件。」什麼化學事件？五十歲動脈裡的膽固醇？我們細胞膜的平衡？

誰發起的？心中閃過我尚存著的二、三十位同學。我不是指還活在世間，而是還留在化學崗位上的。第一，先把所有女生劃掉，她們都成了「退伍」的家庭主婦，沒有「化學事件」好說。把那些升官的、做爵的、獲提拔的或不獲提拔的人劃掉，他們不喜歡比較。劃掉那些受挫的，他們也不喜歡比較。失敗的人也許會來同學會，他是來求救或博取同情的，不大可能是發起人。從剩下的人當中，我想到席拉多，老實、拙樸、熱心的席拉多。生命回報他不多，他也沒貢獻多少。戰後，我偶爾碰到他，他是個安分的人，不是失敗的人；失敗的人是個出發然後倒掉的人，他立下目標，沒達到，因而痛苦。席拉多從沒立下什麼，沒達到什麼，一直安分留在避風港，而且想必他仍緊守著做學生時的「黃金」年代，因為他其他的時光是鉛。

對那頓飯，我有兩種反應，都不是中性的，它是同時吸引和排斥，像靠近磁鐵的指針，要去又不要去。但仔細想想，兩種動機都不高貴。想要去是因為比別人活得更自在，經濟上更自立，較沒磨損，這些都會自鳴得意。不想去，是因不想和他們同年

齡，即自己的年齡，不想看到皺紋、白髮。不想去算有幾個人，
缺幾個人，或計算本身。

　　但席拉多引起我的興趣。在學生時代，他很認真，不自憐
自溺，學習時缺乏激勵和興趣（他好像不知何謂樂趣），逐章啃
書，就像礦工挖洞。他沒被法西斯汙染，沒被種族法這個反應劑
侵蝕。他是個愚鈍但值得信賴的人。經驗教導我們，這是那種不
會隨時光消失的德性。一個人生下就臉色明朗，眼光篤定，值
得信賴，一輩子就如此。生下時彆扭，一輩子彆扭。六歲騙人，
十六歲、六十歲都會這樣。這現象準確驚人，所以為什麼雖然出
於習慣、無聊、乏味，有些友誼和婚姻仍維持了一輩子。我有興
趣找席拉多印證一下。我付了錢，告訴那匿名委員會我要參加。

　　他的樣子沒怎麼變，個子高大，膚色橄欖，頭髮仍密，臉
刮得很乾淨，額、鼻、頜都有稜角，像新鑄的。走路仍然唐突莽
撞，是當年實驗室中有名的玻璃毀滅者。

　　照慣例，頭幾分鐘是互道近況。我知道他結了婚，沒孩子，
不想談這些，也知道他一直在搞攝影化學，十年義大利，四年德
國，又回義大利。是的，他是發起人，起草那邀請函。他毫不害
羞的承認，他學生時代是彩色片，後來全是黑白片。至於「事
件」（我沒指出其用詞之笨拙），他顯然愛談。他工作裡事件不
少，雖然都是黑白的。我的也如此嗎？當然，不管是化學的或
不是，但近年來以化學的為主。它們讓你有無力感，不長進的感
覺，不是嗎？覺得是在和一個遲鈍、緩慢，但在數量和體積上

都嚇人的敵人做永無休止的戰爭，年復一年，一個接一個。只在敵人偶爾有空檔，你才能狠狠一擊獲得短暫勝利，得到一點安慰。

席拉多也知道這無止境的戰爭，也感覺到學之不足，只有靠運氣、直覺、策略及耐心來補足。我告訴他我正在蒐集「事件」，我的或別人的，寫進書裡，看看能否讓世人了解我們這行的痛苦滋味，也是生活滋味的反映。我告訴他世人清楚醫生、妓女、水手、殺手、古羅馬人、陰謀者和玻里尼西亞人怎麼活，但全不知我們這些物質轉換者的生活，這看來不公平，但我告訴他，我要故意忽略那些大化學家，巨大工廠的化學及其量產，因為那是集體產物，因而無名。我有興趣的是個體戶化學的故事，無裝甲步兵的化學，我個人的化學。但這也是開山先賢的化學，他們在茫然的環境中獨立工作，通常沒有利益，也沒有工具，只靠自己的手、腦、理性和想像。

我問他是否願為此書提供材料。如願意，他可和我說個故事，我們這行的故事；如果我可以做點建議的話——故事裡，你在黑暗中幾星期，幾個月，都快要放棄了，最後在混沌裡看到一絲光線，循著光線往前摸索，你終於找到最後的光明。席拉多認真說，有時事情就是那樣，他會努力尋找，但通常是一路黑暗到底。你看不到任何光線，頭一直撞到愈來愈低的頂，最後用爬的從隧道退出來，比進去時老了些。他還在回憶時，目光盯著天花板，我看了看他，他老得還不錯，沒太多的扭曲，反而看來更成熟。他還是壯，不會笑和作怪，但現在這已不讓人討厭了，這在

五十歲時比在二十歲時較能讓人接受。他告訴我一個銀的故事。

「我告訴你大綱，你可以添油加醋——例如，一個義大利人在德國怎麼過，反正你也去過。我主管一個做 X 光底片的部門。你知道那玩意嗎？沒關係。那玩意不敏感，不會為你帶來麻煩（敏感與麻煩成正比），所以那部門滿安靜的。你知道給業餘大眾用的底片如出了毛病，十次有九次顧客以為自己有錯，或者他最多寄封信罵你，但因地址錯誤，你也看不到。但是如果 X 光底片有毛病，在經過銀處理後，第二次又出毛病，麻煩就一直往上爬，愈爬愈大，最後砸到頭上來。我的前任者以他典型的德國教訓天分向我解釋，為的是要合理化整個工作過程，在我看來極度潔淨狂熱的儀式。我不知道你有沒有興趣……」

我打斷他：細微式小心，狂熱式清潔，八個零的純度，是那種讓我頭疼的東西。我很清楚有時它是必要的，但我也知道通常是癲狂戰勝常識，五個有意義的禁令，總伴隨著十個無聊的規定。通常由於懶惰、迷信或害怕複雜，沒人敢去改它。軍隊的規定則有更強的壓制性。席拉多為我倒杯酒，他的大手遲疑的移向瓶頸，好像瓶子會躲，倒酒時碰撞杯子好多次。他同意事情常如此。譬如，他的部門不准女人用面粉，但有次一位女孩的面粉盒從口袋掉到地上，一大堆粉飛起來，那天產品就特別仔細檢驗過，都很好。但面粉的禁令仍在。

「但我得告訴你一個細節，不然你會不懂這故事。有些事情是必須一絲不苟的（這是合理的，我告訴你）。本部門總是有空

調，打進來的空氣都需過濾。身上要套上全身的工作衣，頭上要戴帽子。衣帽每天都要仔細洗，把線頭和髮絲除掉。進門要脫鞋換無塵的拖鞋。」

「五、六年來都沒有什麼大問題。偶爾有醫院來抱怨一、兩次，但總是因為產品過期。你是知道的，麻煩不會像匈奴人大張旗鼓到來，它總像瘟疫一樣安靜降臨。起初是從一家維也納檢驗中心來的掛號信，寫得很有禮貌。不是告發而像警告，隨信附上X光底片，感光和顆粒都好，但上面有許多豆般大的白點。我們寫了一封道歉信，十分對不起等等。但第一個士兵[1]死於瘟疫後，最好不要再心存幻念。瘟疫就是瘟疫，不應再玩鴕鳥遊戲。下週，又來兩封信，一封來自比利時的列日，提到賠償；另一封從蘇聯來，我不記得那機關複雜的名字，翻譯出來後，令每個人都毛髮直豎。問題當然都一樣，白點都像豆子，信寫得非常非常兇。它提到三次開刀延期，損失的醫療，成噸有問題的感光紙，專家檢查，天知道何處的法庭論戰等等。他們要我們立刻派專家去。」

「這時至少要亡羊補牢，雖然不一定都能成功。已知這些紙都通過出貨檢驗，所以問題是在我們的庫房或路上，或是他們庫房裡才發生的。經理把我叫進去，很有禮貌的討論了兩小時，但是我覺得他是在慢慢的、有條不紊的，生剝我的皮，而且剝得滿

1　英文版譯註：指義大利作家曼佐尼（Manzoni）歷史小說中死於瘟疫的德國士兵。

有快感。」

「我們接受實驗室檢驗結果，檢查倉庫裡所有感光紙。最近兩個月的還沒問題。其他的有幾百批，約六分之一有毛病。我一位笨笨的助理，發現每五批好的就有一批壞的，很規則。我追究到底，發現幾乎全部有瑕疵的感光紙都是星期三出品。」

「你也知道老毛病最難對付。在找原因時，我們同時還得生產。你怎麼能確定毛病不是還在繼續？我們不是在製造未來的災難？當然，你可以把它們留在倉庫兩個月再檢查。但你怎麼和全世界的倉庫說，你們會有兩個月收不到貨？還有利息的問題？還有名譽的問題？還有個困難，任何你在原料或技術上做的修改，都要等兩個月才知道效果。」

「自然，我覺得很無辜，我已遵守所有規定，從不鬆弛。我上面和下面的人也都覺得自己無辜，那些檢查原料的、製備檢驗溴化銀乳液的、包裝的，都覺得無辜。我覺得自己無辜，其實不然；照定義，我有罪，因為身為部門主管，我得負責。有損就有罪，有罪就有罪人。這完全像原罪，你什麼也沒做，但你有罪，而且得罰。不是罰錢，卻更糟：你失眠，吃不下，得胃病，簡直要發瘋。」

「報怨信和電話不斷進來，我還在解星期三之謎，那一定有意義。星期二晚上的守衛我討厭，他臉上有道疤，看來像納粹。這事我不知該不該向經理提，將責任推到別人頭上總是不大對。然後我調來人事資料，發現那納粹才來三個月，而紙上的豆子問題已有十個月了。十個月前發生了什麼事？」

「經嚴格檢查，約十個月以前，增加了一家包底片黑紙的供應商，但瑕疵品是用兩種供應商的紙亂包的。十個月以前新用了一群土耳其女工，我一個一個問她們，把她們嚇壞了。我要知道星期二晚或星期三她們做了什麼不一樣的事，有沒有洗澡？用特別化妝品？跳舞去了因而流汗較多？我沒敢問星期二晚上是否做愛，反正一點結果也沒有。」

「顯然，此事不久全工廠都知道。每個人都奇怪的看著我。我是唯一的義大利主管，可以想像背後的閒言閒語。決定性的助力來自一個守衛，他因曾在義大利打仗，被游擊隊俘虜，會說點義大利話。他沒有記恨，愛講話，每樣事都亂扯，沒有結論。也就是他那胡言亂語帶來線索。有天，他告訴我他愛釣魚，但差不多有一年在附近小河裡釣不到魚——自從六公里上游開了家皮革廠。他然後說在有些日子，河水變褐色。那時我沒注意到這點，但幾天後從宿舍窗口看到卡車載洗好的工作服進廠時，我想到了。我詢問一下，知道皮革廠十個月以前開張，事實上工作服就是用那釣不到魚的河水洗的。但他們用的水是過濾和離子交換處理過的。工作服是白天洗的，晚上烘乾，第二天工廠開工前送回。」

「我就去皮革廠。我要知道他們什麼時候，哪天，在哪裡放水。他們把我轟走，但兩天後我和衛生局的醫生再一起回來。他們每星期倒大缸的鞣皮水一次，在星期一晚上。他們拒絕說大缸裡的內容，但我們都知道有機鞣的成分是聚酚，沒有任何離子交換樹脂可以把它留下，就連不在此領域的你都知道，聚酚會對溴

化銀有多少災害。我弄到一些鞣液，回去稀釋一萬倍，噴在洗 X 光紙的暗房裡，幾天後看到紙的敏感度全消失了。經理簡直不相信他的眼睛。他說從沒見過如此強的抑制劑。我們逐步稀釋，用一百萬倍的稀釋液，在兩個月以後可得到豆形的白點。我們複製了豆子效應，結果真相大白：顯然有幾千個聚酚分子[2]在洗衣時吸附到工作服的纖維裡，然後落到底片上，那就足夠產生斑點。」

附近其他的客人都在大聲談小孩、假期、薪水。我們最後來到吧台，逐漸有醉意，互允重建本就不存在的友誼。我們要保持聯絡，並互道像這樣的故事，呆頭呆腦的物質變成狡猾的魔鬼，破壞人所最珍貴的秩序，像魯莽的流氓，破壞他人的興趣多於自己獲得勝利，像小說裡，在地球末端破壞英雄成就的反派。

2　譯註：這是極少極少量。

釩

Vanadium

自從離開集中營，

我最強烈的慾望是有一天能面對面，

和其中一個「他們」算帳。

不是要復仇，

我不是基督山伯爵。

只是要重建平等關係，

說聲：「怎麼樣？」

　　按定義，油漆就不該是個穩定的物質。事實上，在它旅途中某一點，是要從液體變成固體。但這一定要在恰當的時、地發生。如不然，會有極不愉快的後果……油漆可能在倉庫時硬化（我們殘忍的稱為「中毒」），那就得丟掉。或在十幾二十公噸的反應槽中，樹脂硬化，那是悲劇。或油漆乾不了，那你就成了笑柄，不乾的油漆像不能發彈的槍，不能下種的公牛。

　　通常，空氣中的氧在硬化過程中擔任一定角色。氧可救命也可破壞，但我們製漆業對氧最有興趣的一點，是它可以和某種油的小分子反應，將它們聯繫起來，變成堅實的固體。譬如，亞麻子油就是這樣風乾變硬的。

　　我們有了麻煩。我們進口一些做油漆的樹脂，它暴露在室溫的空氣下應會變硬。我們試驗了，它也靈。但當把它和一種（無可取代的）油煙混合以後，它就是不硬。我們這樣做了幾公噸黑漆，漆上以後，就一直黏得像蒼蠅紙。

　　遇上這種狀況，你一定得小心，不能先去亂告。供貨廠是W，一間德國大公司，聲譽卓著。它是盟軍在大戰後，將原來的法本化學工業公司（IG-Farben）拆散出來的一部分。這些人通常在認錯前，會憑著他們的名望來唬你、磨你。但這回麻煩是免不了的，其他的樹脂和同樣的油煙混合都沒事，那出事的樹脂是W公司的特產，而我們又得照合約供應這種黑漆，不得延誤。

　　我寫了封客氣的抗議信，說明問題。幾天後，回信來了：冗長而賣弄，說了一些我們已試過而無效的方法，還有一段樹脂氧化的廢話，卻忽略我們立即的要求，只簡單針對關鍵問題說正在

做相關試驗。我們沒別的法子，只有立刻再訂一批貨，要 W 仔細注意它與油煙混合的性質。

確認訂貨的同時，還來了另一封一樣長的信，也由同一個穆勒博士署名。它比第一封信認真些，至少承認（帶些保留）我們的抱怨有理。它還說出一件以前沒說的事，「*ganz unerwarteterweise*」，即完全出乎意料之外的，他們實驗室的幾個老頭兒發現，如果加了千分之一的萘化釩到這問題貨品中，就能克服問題——直到那時，從沒聽說油漆這行業有用到這種添加劑。那不認識的穆勒博士要我們立刻查核這事。如果是真的，他們的看法也許可以使雙方避免一次國際商務糾紛。

穆勒，我前世中曾有個穆勒。但在德國這是個很尋常的名字，像義大利的莫林那里、英國的密勒，都是穆勒的對等名字，也很普通。為何我心裡一直想著這件事？但，重讀那兩封信，沉重笨拙的用詞，夾帶著一些術語，像白蟻在我內心中啃著，我不能不懷疑。啊！算了吧，在德國至少有二十萬個姓穆勒的，別胡思亂想，開始認真解決油漆的問題吧。

……然後，突然眼裡升起信上一個細節，那不是打字上的錯誤，它重現了兩次。寫萘時，他把「naphthenate」拼成「naptenate」。在我那病態的精準記憶深處裡，那如今已屬遙遠世界的穆勒，在那難忘、冰冷、恐怖的實驗室中總把「beta-Naphthylamin」說成「beta-Naptylamin」。

俄國人就近在眼前了，盟軍一天轟炸橡膠工廠兩、三次。沒水、沒電、沒熱氣。窗上沒一片完整的玻璃。但命令是生產人造

橡膠，而德國人唯命是從。

就像被有錢羅馬人使喚的有教養希臘奴隸，我和另外兩個熟練助手在實驗室中工作，從事徒然而不可能的工作。每次警報一響，我們就忙著拆儀器，警報解除，我們又忙著裝回去，時間全耗在這些虛功上。但，我說過，他們唯命是從。每隔一段時間，檢查官從碎石和積雪中爬過來，確認我們有按命令工作。有時，是一位鐵著臉的納粹黨衛軍，或是一位當地民兵團的老兵過來，或是一位平民。最常來的那位平民叫穆勒博士。

他一定是有權位的人，因為每個人都先向他敬禮。個子高胖，四十歲左右，外表略顯粗獷。他只和我說過三次話，每次都露出不尋常的怯懦模樣，好像為了什麼事情感到羞恥。第一次只是有關工作情形（就是關於「Naptylamin」的劑量）。第二次他問我為什麼留這麼長的鬍子，我答道我們都沒有刮鬍刀，連手帕也沒有，每星期一有人來幫我們刮鬍子。第三次，他給我一張打字工整的條子，特准我星期四也刮鬍子，同時供應處發放一雙皮鞋。他鄭重其事問我：「你怎麼看來那麼不安？」那時，以德文思考的我，告訴自己「*Der Mann hat keine Ahnung*」（這傢伙被蒙在鼓裡）。

工作要緊。我趕快設法從熟悉的供貨商那裡弄來一些萘化釩。這可不簡單：它不是常用的產品，只按訂單少量生產。我連忙下了訂單。

這個「陰魂」的重返頗讓我激動。自從離開集中營，我最

強烈的慾望是有一天能面對面，和其中一個「他們」算帳。我收到一些德國讀者的來函，但這些我不認識、也許也不該負責的人（心理上的責任除外），所宣稱的罪惡感實在不能滿足我。我所期望甚至夢想著（用德文）重逢的人，是在那裡迫害我們、從不直視我們雙眼一下（似乎我們沒眼睛）的人。不是要復仇，我不是基督山伯爵。只是要重建平等關係，說聲：「怎麼樣？」如這穆勒就是我的穆勒，他並非完美對手，因為在某一程度上，他會顯示一點憐憫，或只是粗略的職業上同理心。或是更少：只是不滿那既是同事又是工具（也是個化學家）的奇怪混合體，沒禮貌，沒半點正常實驗室的規矩。但他周圍的其他人連這一點感覺都沒有。他不是個完美的對手，但我們都知道，完美屬於傳說，不是我們這些活人的。

我和 W 公司的代表聯絡上。我還和他滿熟的，託他暗中打聽這穆勒博士。他年紀多大？長得什麼樣子？戰時在那兒？很快回覆就來了，年紀和外貌都吻合。這人先是在史格包接受橡膠技術訓練，然後在奧茲維茲附近的橡膠廠工作。我拿到他的地址，以私人之間的關係寫了一封信，並寄了一本我的書《如果這是個人類》，德文版的。信中問他是否真是奧茲維茲的穆勒博士，是否記得「實驗室中的那三個人」。希望他能原諒我無禮的闖入，從太虛的返回。但我不但是為乾不了的漆煩惱的客戶，也是那三人之一。

我開始等待回音。在公事上，就像緩慢的鐘擺，來往著有關德國釩優於義大利釩的官樣化學文章。請速以空運寄達五十

公斤規格的產物，並扣除費用。在技術事務上，正朝著好的方向發展。但瑕疵貨的出路還沒決定，是要打折收下？還是退貨？還是尋求仲裁？同時，我們照慣例互相用官司恐嚇對方，「*gerichtlich vorzugehen*」（庭上見）。

「私人」的回答還是沒來，就像公司方面的爭執讓我惱怒、不安。我對此人了解多少？一無所知——很可能他早已把那一切有意無意的忘卻了。我的信和書對他是一種討厭的侵犯，無端攪起好不容易平靜的一灘水，對正人君子的攻擊。他絕不會回信的。

可惜，他不是一個完美的德國人，但真有完美的德國人？或完美的猶太人？他們都是抽象的，從普通到特殊的路上，總會有些驚奇的怪事，審問者沒聲沒息出現，然後突然變成同路人、同伙，奇奇怪怪無道理的事都可能發生。到現在幾乎兩個月了，回信還不來。算了吧。

1967 年 3 月 2 日信終於到了，寫在漂亮哥德體箋頭的紙上。是封簡短客套的試探信。是的，他就是橡膠廠的穆勒。他讀了我的書，感慨的認出一些人和地。他很高興我活了過來，他問及實驗室的另兩人。到此為止都沒啥奇特的，因我書上提到了他們。

但他也問了書上沒提到的戈德鮑姆。他又說，他重讀了當時的筆記，願意將來和我碰面談談，「*im Sinne der Bewältigung der so furchtbaren Vergangenheit*」（對你、我都有益，對克服那可怕的過去是必須的）。最後，他還說在奧茲維茲所遇到的囚犯中，

對我印象最深。但這可能是奉承，從信的語氣，尤其是「克服」那句話，似乎這人有求於我。

現在變成我是否要回信了，我感到為難。你看，我已成功誘捕到對手，他就在面前，幾乎是個同業，用和我一樣類似的信紙，他還記得戈德鮑姆。雖然他還是滿模糊的，但顯然他有求於我，像赦免之類的，因他有個需克服的過去而我則沒有。我只要他在瑕疵貨上打個折扣。情況有點意思，但不太尋常，有點像被拉到法官面前的無賴漢。

首先，我要用哪國文字回答呢？當然不能用德文，我會犯可笑的錯誤，那是絕不能發生的。要在我的地盤打，我以義大利文回信。實驗室另外兩人已死，我並不知道在哪裡，怎麼死的。戈德鮑姆在最後撤退行軍時，死於飢寒。至於我，他已從我的書和有關的通信知道大概了。

我有好多問題要問：太多了，太沉重了。為什麼有奧茲維茲？為什麼有潘維茲博士？為什麼把小孩送進煤氣室？但我覺得還不是時候，不能超出某些限度，我只問他是否接受我書中明的或暗的裁判？是否覺得法本化學工業公司，主動使用集中營奴工？在離集中營只有七公里的橡膠廠，他是否知道奧茲維茲每天吞沒萬條生命的特別設施？最後，既然他提到當時的筆記，是否可給我一份拷貝？

至於那「將來的碰面」，我沒說什麼，因為我有點怕。不必說什麼害羞、謹慎、噁心那些委婉的言詞。「怕」就是正確的字眼，我不覺得自己是基督山伯爵，但可也不是什麼聖者賀瑞提

斯[1]。我不覺得能代表奧茲維茲的死者，也無法把穆勒當屠夫代表。我知道自己，我沒爭辯的本領，對手讓我分心，我更興趣於在他這個人而非這對手。我會認真傾聽，冒相信他的危險。只有在歸途上，我才會義憤填膺，加以裁判，但那已沒用。所以，最好就只寫信。

以公司之名，穆勒來信通知已寄了五十公斤新貨，Ｗ公司會有友善的調停等等。幾乎同時，我家裡來了我所期待的信，但並非真的我所期望的。那不是一封典範式的信。如果這故事是虛構的，我只能在此提出兩種信：一封是卑微的、溫暖的、基督徒式的信，是求贖的德國人寫來的。另一封是傲慢、無禮、冰冷的信，是頑固的納粹寫來的。但這故事不是虛構的，實情總比虛構來的複雜，沒那麼乾淨俐落。不止只有一個層次。

信有八頁厚，還有張嚇我一跳的相片。就是那張臉，老了一些，照得不錯。我幾乎聽到高高在上的他，發出那難忘的一句話：「你怎麼看來那麼不安？」

是篇笨拙的作文，矯飾的、打了折扣的誠懇，充滿枝節及不著邊際的讚美，冗長而囉唆。沒法用句簡單的話下判語。

他不加區分把奧茲維茲歸罪於人類的邪惡天性。他譴責在那裡發展的那些事件，而在我書中人物找到安慰——「使暗夜兇器變鈍」的阿拔圖。那句是我書中的，但他的引用讓我感到不快與偽善。他談他的故事，先是「跟隨著初期希特勒政權的

1　譯註：Horatius-Curiatius，羅馬時代英雄。

大眾熱情」，加入了國社黨學生聯盟，後來被合併到納粹特勤隊
（Sturmabteilung）。他想辦法退出了，說「這也還辦得到」。當戰
爭來臨，他被動員到防空部隊，直到那時看到被毀的城市，才感
到戰爭的「可恥與義憤」。1944 年 5 月，他化學家的身分獲認可
（就像我），而分發到法本化學工業公司位於史格包的工廠。奧茲
維茲附近的工廠，就是這同型工廠的放大版。在史格包，他訓練
了批烏克蘭女孩做實驗室工作。事實上，我在奧茲維茲看過那
些女孩，那時還搞不懂女孩們為什麼和他那麼親近。1944 年 11
月，這個人才和那些女孩一起調到奧茲維茲。那時，奧茲維茲對
他及他的朋友，沒什麼特別意義。到達時，他的技術主管（應是
浮士德工程師）簡單介紹了該地，警告他：「橡膠廠的猶太人只
能給最低賤的工作，不能容許任何憐憫。」

　　他在潘維茲博士手下工作，就是這個人讓我經過那獨特的
「測試」，以確認我的化學能力。穆勒講得很清楚，他對他上司評
價很低，並告訴我這人在 1946 年死於腦瘤。是穆勒他自己負責
建起橡膠實驗室。他說一點也不知道那考試，是他親手挑了我們
三個專家，特別是我。似乎不大可能但也並非全無可能，我的存
活因此受惠於他。他說那時與我的關係，幾乎是平等的友誼，他
曾與我談論科學問題，並同時思考何種「珍貴的人類價值，被其
他一些兇殘的人毀了」。我不但沒法想起任何這種對話（我已說
過，我對那時期的記憶奇佳），且以當時敗壞、互疑及疲憊的環
境，連想像這種對話都完全不可能。只能以事後的一廂情願來解
釋。也許這是一個他告訴很多人的故事，但他並不知道世界上只

有我不能相信。也許，出於誠意，他為自己泡製出一個說得通的過去。他不記得刮鬍子和鞋子的事，但他記得其他類似而可信的小事。他聽說我得了猩紅熱，關心過我的性命，尤其是當他聽說俘虜要徒步撤退時。1945 年 1 月 26 日，納粹黨衛軍調他到民兵隊——正式隊刷下來的老弱殘兵，去抵擋俄軍的前進。幸運的，技術主管命令他到後方去，救了他一命。

對於我有關法本化學工業的問題，他簡短答覆。是的，他們用俘虜，但目的是保護。事實上，他提出（荒謬的）意見認為，整個八平方公里的橡膠廠，建起來的目的就是要「保護猶太人，挽救他們的性命」，而不得憐憫的指令是一種偽裝。「Nihil de principe」（忘掉原則），不可指責法本化學工業，這人還是 W 公司——即法本化學工業後裔的職員，你不可吐在自己盤子裡。在奧茲維茲的短暫時刻，他「從未聽說宰猶太人的事」。雖然離奇而氣人，但並不例外：那時德國的沉默大多數，一般的對策是別問問題，什麼都不知道。他顯然也沒向任何人要求解釋，自己也不尋求了解。雖然在晴天，從工廠看屍體焚化爐的火焰非常清楚。

在戰爭結束之前，他被美國人俘虜，關在戰俘營幾天。諷刺的是，他說戰俘營「設備簡陋，毫無頭緒」。就如當初我們在實驗室，寫這信時他仍讓我覺得他毫不知情。1945 年 6 月末，他回家了。這大致是我所要求的筆記的內容。

在我的書中，他感覺我超越了猶太教，而達到基督愛敵人的精神，是對人的信心見證。最後，他堅持我們一定要在義大

利或德國相見，只要我願意，最好在地中海岸。兩天後，從公司管道，W 公司來信，其郵戳日期和那封私函是同一天，同樣簽名，顯然不是碰巧。是封求和的信，他們承認錯誤，願意接受任何提議。他們暗示好來好去；此事件弄清楚萘化釩的好處，以後都要加在所有樹脂中。

　　怎麼辦？這穆勒角色跳出來了，從他的繭蛹冒出來，輪廓清晰。既非無恥亦非英雄，除掉那些辭藻和誠意或不誠意的謊言，剩下的是個典型的灰色人，盲人中的半盲人。他誇我不該得的榮譽：愛我的敵人。不，雖然他並非嚴格定義的敵人，我不覺得愛他，不想見他，但感覺一絲敬意，做半盲人還不容易。他並非懦夫、聾子或犬儒，他並不盲從，他只是想安頓過往但弄不合，試著合，就欺騙一點。你能從一個前任特勤隊員要求什麼？和我過去遇到的其他誠實德國人比較，他還算好的，他對納粹的譴責雖然軟弱閃爍，但他不找藉口辯護。他想對話，有良心，掙扎想撫平。在他第一封信，他談到「*Bewältigung der Vergangenheit*」（克服過去）。我後來發現這是個慣用語，今日德國的修辭，意指「從納粹贖回」。但 walt 這字根，同時也出現在「壓制」、「暴力」和「強姦」這些字眼，所以我也相信，翻譯成「扭曲過去」和「對過去的暴行」也沒離它的深層意義太遠。但他求助於陳腔濫調，總比其他一些德國人的愚鈍要強。他「克服」的努力是笨拙的，有點可笑、討厭和可悲，卻是正確的。畢竟他為我弄了雙鞋子，不是嗎？

　　那第一個空閒的週末，我試著盡量寫封誠懇、公正而自重的

回信。我打了個草稿，謝謝他收我進實驗室。我宣稱願原諒我的敵人，甚至愛他們，但只有當他們表現懺悔之心，也即當他們不再為敵之時。反之，敵人仍然為敵，仍然存心打擊，那一定不能原諒。我們可以試著拯救他，可以（一定要）和他討論，但我們的責任是判斷他，不是原諒他。至於穆勒所隱隱企求的判決，我技巧的提到兩位德國同事比他更英勇的行為。我承認我們都非生來勇敢。在一個世界上充滿像他那樣誠實而不防禦的人，可以令人忍受，但這不是真的世界。在真正世界裡，存在著手執武器的人，他們建造奧茲維茲，而那些誠實卻不防禦的人為他們鋪路。所以每一個德國人，每一個人都必須思考奧茲維茲的事。自奧茲維茲之後，不防禦是不行的。至於地中海岸，我一字也沒提。

當晚，穆勒從德國打電話過來。線路狀況不大好，這時我的德文也不大好了，不易聽懂，他的聲音吃力沙啞，語調緊張而激動。他說在六週後的逾越節，他將來義大利，我們可以碰面嗎？冷不防，我說好的。我要他把到達的細節預先通知我，並把那多餘的草稿丟開。

八天以後，我接到穆勒太太的通知，穆勒博士遽然逝世，享年六十歲。

碳
Carbon

千千萬萬個碳的故事——從花的顏色氣味，

到微小的海藻，

到小蝦，

到魚，

再回到海水中的二氧化碳，

永恆不斷循環，

生命不停輪迴。

有的成了人類遺傳基因，

不停進行分裂、複製，繁衍子孫。

　　現在，讀者應該已經明白這不是一本討論化學的書：我還不敢那麼想——「*ma voix est foible, et même un peu profane*」（我的聲音微弱，甚至有點無知）。這也不算是本自傳，除了在象徵意義上，每本書也許都有點自傳性。某種程度上，這是一部歷史。

　　它是一本微觀歷史，是行業誌，記它的勝利、失敗和痛苦。是一個事業快走到終點的人所想講的故事。走到這個階段，一個化學家面對週期表，或宏偉的《貝爾斯登百科》，或《藍道—波士坦手冊》（*Landolt-Börnstein*），怎能不感傷那過往的成敗？他只要去翻翻，便會升起一連串的記憶。有些朋友的命運和溴結上緣，有些則是丙烯，或是胜肽，或是穀氨酸。所有化學學生面對任何化學巨著時，都應該想到其中一頁，也許一行、一個式子或一個字，他不可知的未來就以祕語寫在那裡。只有「事後」，即成功、錯誤、悔恨、勝利或失敗之後，才能明白。每個青春不再的化學家，翻到那要命的一頁時，不也愛憎交織？

　　所以，每一個元素都會對某人有特別意義，就像年輕時爬過的某座山，去過的某個海灘。也許只有碳是個例外，因它對每一個人都有意義，也就是它不專屬，就像亞當不只是部分人類的祖先——除非今日有人（有何不可？）以畢生之力鑽研石墨或金剛石。也就是對這碳，我有個陳年舊帳，是在那命運決定的時代欠下的。在我這條命不值一文時，碳這生命元素引發了我第一個文學之夢，我日夜都夢著它。是的，我要說個碳原子的故事。

　　可以去談某一個碳原子嗎？對化學家而言，確有困難。直到 1970 年，我們還沒有足以去觀察或分離單一原子的技術。但

對這說故事的人，它是存在的，所以我就說了。

　　我們的主角和三個氧原子及一個鈣原子結合成石灰岩形式，已在地下躺了幾億年。在之前，它已有很長的宇宙漫遊史，但我們且不管它。對它，時間不存在，或只是以溫度緩慢變化的形式存在，因為故事中的碳原子正好離地表不遠。說來也有點可怕，它單調的日子是在永恆的冷、熱交替中度過，像在天主教的地獄中坐牢。對它，直到目前，用描述的現在式比較恰當，而非敘事的過去式。它是永恆的現在式，熱變化對它動不了什麼皮毛。

　　但就當是這說書人的好運吧，不然故事早就終止：石灰岩的邊緣暴露到表面。接著來了個帶尖鋤的人（向鋤子致敬，它仍是千年以來人與元素對話的最佳中介），在某個時刻──就讓我們選在 1840 年，一鋤子把它敲下來，送到石灰窯裡改變它的命運。它被一直烤到和鈣分離。鈣仍與大地為伍，其後命運不大光彩，我們就不去談了。碳原子仍和它以前三個氧伴侶之中的兩個連接著，從煙囪飄到空中。原來寧靜的日子變成風暴。它隨風飄浮，上天下地。曾有隻老鷹吸入肺中，但沒進到血液又排了出來。它曾溶入海水三次，又逸散到空中。就這樣上上下下，一會兒海上，一會兒雲端，在森林、沙漠、冰原之上飄浮了八年。然後，它被俘，進入有機世界。

　　碳，很特別的元素，它是唯一一個元素，可以和自己結合形成長鏈分子而穩定。地球上的生命就是需要這些長鏈。因此，碳是生命的基本元素。但它進入生命世界要走曲折的路，並不

容易，直到近來人們才理出個頭緒。要不是碳的這項工作，是每天都在發生的事（只要有綠葉就行，每天約需要數十億公噸的碳），這碳的生命之舞真的會被看成奇蹟。

所以在 1848 年，我們這碳原子帶著它兩個氧伴侶經過一排葡萄藤。它有幸撞上一片葉子，穿透進去，然後被一束陽光釘住。如這時我的故事開始模糊起來，並不只是我學問不夠：這三方面瞬間的決定性事件——二氧化碳、陽光和葉綠素，還沒能弄得很清楚，也許要很久以後才會真相大白。它和其餘的那些「有機」化學很不一樣。實驗室裡的有機化學是人為的，是笨重、緩慢而遲鈍的工作；但這精巧、細緻而靈慧的化學，是二、三十億年前，我們的植物朋友發明的。它們並不做實驗、不討論、也不加熱。如果眼見為信，那麼這尺度只有億分之一公尺，時間只有百萬分之一秒，而且主角都看不到，如此就很難了解，難以用語言形容。怎麼說也難，就讓我們試著這樣講下去吧。

我們的碳原子進入葉子，和一些氧、氮原子做了無數次無效的碰撞。它附上一個巨大複雜的分子而活化了，同時那大分子從天上收到一束陽光。剎那間如蟲被蛛網捕捉，它和氧同伴分家，和氫及磷結合，最後嵌進一條長短不拘的生命之鏈。這一切都在常溫常壓之下迅速、安靜不費力的進行。親愛的朋友，如果我們學會在實驗室中也能這麼做，我們將解決世界糧食問題，成了神的化身。

但還不止這樣，還有更讓我們汗顏的。碳以氣體形式存在的二氧化碳，這生命的原料、滋長之庫、血肉之最終歸宿，它根本

不是空氣的主要成分，只是一少得可笑的「雜質」，比人們都注意不到的氬還少三十倍。它在空氣中只占萬分之三。如果義大利是空氣，只有麥西那省米拉佐小鎮的一萬五千居民，才有資格去建構生命。以人類尺度來說，這真是特技表演，雜耍藝術，目中無人的表演。從這不斷更新的空氣雜質，孕育出我們，我們的動物與植物，我們四十億紛擾的意見，我們千年的歷史，我們的戰爭與恥辱，尊貴與驕傲。在幾何尺度上，我們在地球上的存在看來小得可憐。如所有人類全部重量的二億五千萬公噸，平均散布在所有陸地上，「萬物之靈」以肉眼根本看不到，它的厚度大約只有十六萬分之一公分。

　　現在我們的原子嵌進結構的一部分，它成為另外五個相同碳原子的伙伴，都長得一模一樣，只有以小說的虛構方式才得以分辨。它是美麗的環狀構造，幾乎是正六邊形，但可溶在水裡，或更準確的說在葡萄汁裡。溶解是所有反應物質的特質和責任。如果有人真想知道為何是環狀，是六邊形，為何可溶在水中，他不必擔心。這些問題是我們化學理論可以解釋的東西，每個人都可以找到資料，但在此就離題了。

　　直說吧，它已成為葡萄糖分子的一部分。一個非魚、非肉亦非雞的歸宿。它只是中途之家：準備與動物世界接觸，但還未有資格完成更高層的任務——成為蛋白質結構的一部分。所以，樹的汁液緩慢流著，從葉到梗，從根到桿，然後到將熟的葡萄，接著就進入了製酒業王國。不過我們在此只要指出它躲開了發酵，而以原來形式跑到酒裡，還是葡萄糖。

　　酒的歸宿就是腸，葡萄糖的命運就是氧化。但不是立刻氧化，飲酒者留它在肝裡一星期，儲存能量以備不時之需，而不時之需在下星期天他去捉馬時來到。六邊環再見，血液奔流，幾分鐘葡萄糖就被帶到股際肌肉現場，在此它被肢解成兩個乳酸分子——這是疲乏的預兆；只有在幾分鐘後，急喘的肺才提供進來足夠的氧，將後者安靜氧化。結果，一個新的二氧化碳分子回到大氣，而太陽能量經過藤根，由化學能成為機械能，然後散逸成熱能，溫暖了跑者的血管和空氣。「這就是生命」，雖然很少人這樣講法。能量從太陽能逐步退化到熱能，並藉此使原子嵌入。「能」往下流，直到平衡與死亡，生命轉至歸宿。

　　我們的原子又回到了二氧化碳，真對不起！這也是一趟必要的旅途，你可以想像發明其他旅途，但在地球上就是這樣子。這次又是風吹著，將它帶過亞平寧山脈、亞得里亞海、希臘、愛琴海、賽普勒斯島，到了黎巴嫩，再重複植物之舞。這次它嵌進了杉樹老幹，可要待好久一陣子。它重複了前面說的過程，變成葡萄糖，而嵌進纖維長鏈的一部分，就像念珠鏈中的一粒。這不再是身陷石中的百萬年大夢，但我們也大可說是百年孤寂，因為杉樹長壽。但就讓我們說二十年以後（1868 年），一隻樹蟲對它有興趣。牠在樹幹和樹皮間頑強的挖隧道，邊挖邊長大，隧道也跟著深入。牠吞了它，然後變成蛹。春天到時，一隻灰色醜陋的毛毛蟲，爬出到炫目的陽光下。我們的原子在蟲的千眼之一中，對牠的微弱視野做點貢獻。蟲受孕，下了蛋然後死亡，牠的屍體躺在樹下，體內汁液乾了，但甲殼留了下來，幾乎不朽。雪和太

陽的來臨，都沒傷到它。它埋在枯葉、沃土下，變成脫殼，一個「東西」。但原子的「死亡」不像人的，它並不是一去不返。地上到處都是、永不休息、看不見的掘墓者——泥中的微生物不停工作。瞎了眼的屍體逐漸腐爛，最後終於再度飛翔。

　　我們讓它環球飛三圈直到 1960 年。雖然人類覺得這時間很長，但我們得說它在空中的時間不長，因為平均來說，二氧化碳在空氣中停留兩百年。每隔兩百年，那些不是陷在穩定物質（如石灰岩、煤、鑽石或塑膠）中的碳原子，會經由光合作用的窄門進出生命一次。還有其他的門嗎？是的，有人工的合成，對人很珍貴，但到目前為止，這部分量很少，可以忽略。這個門比植物開啟的門窄很多。不論是故意或無知，人到目前還沒去和植物競爭二氧化碳資源，從中取得現代食衣住行必須的碳原子。因為人們還沒這需要，還有很多已呈有機狀態的碳存量（但不知還能有幾年？）。除動、植物界以外，這些存量是在煤礦中，但這也是遙遠過去光合作用的遺產。碳變為生命體，太陽能變為化學能，都靠光合作用。

　　我任意編的這個故事可以證明是真的。我也可以編出千千萬萬其他真實的故事，它們的轉變次序和時間都是真的。原子的數目極為大量，我們總能找到個原子符合任何一個編造的故事。我可以編出千千萬萬個碳的故事——從花的顏色氣味，到微小的海藻，到小蝦，到魚，再回到海水中的二氧化碳，永恆不斷循環，捕食者遭捕食，生命不停輪迴。有的留在古文件發黃的紙上而幾乎「不朽」，有的到了大畫家的畫布上，有的成為花粉化石留給

後人鑑賞，有的成了人類遺傳基因，不停進行分裂、複製，繁衍子孫。但我只再說一個故事，一個最神祕的故事。我知道生命的無常，語言之無力，所以我以謙卑自抑之情來述說。

它再回到我們之間，進到一杯牛奶，在一長鏈分子之中。它被喝到肚子裡。既然所有生命體，對外來生命結構都存有蠻橫的不信任，鏈索將細細拆解，碎片一一檢查，接受或丟棄。我們關心的這原子，通過腸壁進到血液，奔跑，敲到一個神經細胞大門，進門，提供了所需的碳。這細胞是在大腦，我的大腦，正在寫這本書的腦子。這原子所屬的細胞，所屬的腦子，正進行著巨大、不為人知的活動。此刻，這活動錯綜複雜的發出指令「是」或「不」，讓我的手在紙上規則移動，勾畫出渦形符號，一筆一劃，上上下下，引導我這隻手在紙上圈出這最後的句點。

科學文化 A02A

週期表
永恆元素與生命的交會
Il Sistema Periodico

國家圖書館出版品預行編目(CIP)資料

週期表：永恆元素與生命的交會 / 李維 (Primo Levi) 著；牟中原譯. -- 第一版. -- 臺北市：遠見天下文化, 2016.02
面；　公分. -- (科學文化；A02A)
譯自：Il Sistema Periodico (The periodic table)

ISBN 4713510943038 (平裝)

1.元素 2.元素週期率 3.通俗作品

348.21　　　　　　　　　105000013

原著 ── 李維（Primo Levi）
譯者 ── 牟中原
科學文化叢書策劃群 ── 林和（總策劃）、牟中原、李國偉、周成功

總編輯 ── 吳佩穎
編輯顧問 ── 林榮崧
責任編輯 ── 林柏安
封面設計 ── 張議文
版型設計 ── 江儀玲

出版者 ── 遠見天下文化出版股份有限公司
創辦人 ── 高希均、王力行
遠見・天下文化 事業群董事長 ── 高希均
事業群發行人／CEO ── 王力行
天下文化社長 ── 林天來
天下文化總經理 ── 林芳燕
國際事務開發部兼版權中心總監 ── 潘欣
法律顧問 ── 理律法律事務所陳長文律師
著作權顧問 ── 魏啟翔律師
社址 ── 台北市 104 松江路 93 巷 1 號 2 樓
讀者服務專線 ── 02-2662-0012 ｜ 傳真 ── 02-2662-0007, 02-2662-0009
電子郵件信箱 ── cwpc@cwgv.com.tw
直接郵撥帳號 ── 1326703-6 號　遠見天下文化出版股份有限公司

電腦排版 ── 極翔企業有限公司
製版廠 ── 中原造像股份有限公司
印刷廠 ── 中原造像股份有限公司
裝訂廠 ── 中原造像股份有限公司
登記證 ── 局版台業字第 2517 號
總經銷 ── 大和書報圖書股份有限公司　電話／(02)8990-2588
出版日期 ── 2022 年 5 月 20 日第二版第 2 次印行

定價 ── NT350 元
EAN ── 4713510943038
書號 ── BCSA02A
天下文化 ── bookzone.cwgv.com.tw